高等职业教育系列教材

UG NX 12.0 实例基础教程

主编 赵秀文 李 扬
参编 孟 波 常昱茜 杨国星
　　　周 京 冯福财 王少华
主审 周树银

机械工业出版社

本书以项目为引导，任务为主线，由浅入深、循序渐进地介绍了 UG NX 基础知识，草图绘制，实体建模，曲线曲面建模，部件及产品的虚拟装配，工程图设计，壳体产品的建模、分模及模具型芯和型腔的数控加工编程七个项目。每个项目都有知识目标、能力目标、素养目标及项目考核。

本书图文并茂，理论联系实际，注重实用，以思路为主线，通过实例讲解命令的使用方法。每个项目包含若干任务，每个任务都是具体的实例，包括知识链接（完成该任务需要的知识点）、任务实施（实例的详细操作步骤）、拓展任务（实例简要操作步骤）和实践任务（巩固知识的习题）四个部分。全书所有的实例及课后实践练习都配有视频，有助于学习者轻松自如地学习和掌握 UG NX 12.0。

本书适合作为高等职业院校和职业本科院校机电一体化技术、数控技术、模具设计与制造、数字化设计与制造技术等专业的教材，也可作为机械设计与制造工程技术人员的自学参考书。

本书配有教学视频，可扫描书中二维码直接观看，还配有电子课件、源文件等资源，需要的教师可登录机械工业出版社教育服务网 www.cmpedu.com 免费注册后下载，或联系编辑索取（微信：13261377872，电话：010-88379739）。

图书在版编目（CIP）数据

UG NX 12.0 实例基础教程 / 赵秀文，李扬主编. —北京：机械工业出版社，2022.7（2024.7 重印）
高等职业教育系列教材
ISBN 978-7-111-70315-0

Ⅰ.①U… Ⅱ.①赵… ②李… Ⅲ.①计算机辅助设计-应用软件-高等职业学校-教材 Ⅳ.①TP391.72

中国版本图书馆 CIP 数据核字（2022）第 044370 号

机械工业出版社（北京市百万庄大街 22 号　邮政编码 100037）
策划编辑：曹帅鹏　　责任编辑：曹帅鹏
责任校对：张艳霞　　责任印制：单爱军

河北鑫兆源印刷有限公司印刷

2024 年 7 月第 1 版·第 3 次印刷
184mm×260mm·16 印张·396 千字
标准书号：ISBN 978-7-111-70315-0
定价：65.00 元

电话服务　　　　　　　　　　　网络服务
客服电话：010-88361066　　　　机　工　官　网：www.cmpbook.com
　　　　　010-88379833　　　　机　工　官　博：weibo.com/cmp1952
　　　　　010-68326294　　　　金　书　网：www.golden-book.com
封底无防伪标均为盗版　　　　机工教育服务网：www.cmpedu.com

Preface 前言

党的二十大报告提出，坚持把发展经济的着力点放在实体经济上，推进新型工业化。落实这一要求，就要推进产业转型升级，发展高端制造、智能制造。计算机辅助设计技术是智能制造的重要支撑技术之一，其推广和使用缩短了产品的设计周期，提高了企业的生产率，从而使生产成本得到了降低，增强了企业的市场竞争力，所以掌握计算机辅助设计的应用对高等职业院校的学生来说是十分必要的。

Unigraphics（简称 UG）是目前世界上主流的 CAD/CAM/CAE 软件之一。本书以 UG NX 12.0 中文版为操作平台，从基础入手，以实用性强、针对性强的项目为引导，任务为主线，从 UG 基础知识、草图绘制、实体建模、曲线曲面建模、部件及产品的虚拟装配、工程图设计到综合应用实例，由浅入深、循序渐进地介绍了 UG NX 12.0 的常用模块和使用的操作方法。本书具有定位准确、理论适中、内容翔实、实例丰富、贴近实际、突出实用性、适用范围广泛及通俗易懂、便于学习和掌握等特点，以培养综合型应用人才为目标，在注重基础理论教育的同时，突出实践性教育环节，力图做到深入浅出，便于教学，突出高等职业教育的特点，适合装备制造大类专业学生使用，也可以作为相关技术人员的参考书。

本书与同类教材相比，具有以下特色：

1）在内容组织上突出了"易懂、够用、实用、可持续发展"的原则，精心挑选了典型的工程实例来构成全书的主要内容。

2）以知识+实例的形式安排全书内容，相应的知识点后面均有工程实例和拓展实例，以实例学命令的方法，避免了传统教材命令讲得多，例子却很少，有些命令不知道用在何处的弊病。

3）书中的工程实例由易到难，由局部到整体，循序渐进，由浅入深，有利于提高学生的学习兴趣。

教材结合生产实际，由具有多年教学工作经验的专业教师、获得国家模具技能大赛一等奖的技术能手和具有多年企业工作经验的工程师合作编写，利用项目导向、任务驱动的教学模式，贯彻"教、学、做"一体化的课程改革方案，充分体现了"以教师为主导，以学生为主体"的教学理念，使学生充分掌握 UG 软件。书中每个项目后都配有项目小结和项目考核，以使读者能更好地理解和掌握所学的知识。本课程建议学时数 80~100。

全书共分为 7 个项目。其中项目 1 由李扬编写，项目 2 由赵秀文、杨国星共同编写，项目 3 由赵秀文、孟波和来自企业（天津中荣印刷科技有限公司）的王少华共同编写，项目 4 由赵秀文和常昱茜共同编写，项目 5 由李扬编写，项目 6 由周京和李扬共同编写，项目 7 由冯福财编写。全书由赵秀文和李扬负责统稿，由周树银教授审核。

本书在编写过程中参考了有关文献，恕不一一列举，谨对书后所有参考文献的作者表示感谢。由于编者水平有限，书中难免出现疏漏和错误，敬请各位读者批评指正。

编　者

目 录 Contents

前言

项目 1　UG NX 基础知识 ········· 1

1.1　任务 1　认识 UG NX 及其界面 ······· 1
  1.1.1　UG NX 软件简介 ············· 1
  1.1.2　UG NX 软件技术特点 ······· 2
  1.1.3　UG NX 软件界面介绍 ······· 3
  1.1.4　模块化结构与特点 ············ 4
1.2　任务 2　熟悉 UG NX 软件基本操作 ············ 5
  1.2.1　文件的操作 ····················· 5
  1.2.2　键盘和鼠标的操作 ············ 9
  1.2.3　图层的操作 ··················· 11
  1.2.4　视图的操作 ··················· 11
  1.2.5　对象的操作 ··················· 13
  1.2.6　坐标系的操作 ················ 16
  1.2.7　特征的测量与分析的操作 ····· 17
  1.2.8　表达式的操作 ················ 19
项目小结 ································· 23
项目考核 ································· 23

项目 2　草图绘制 ················ 25

2.1　草图绘制基础知识 ················ 25
  2.1.1　草图绘制的方法与步骤 ······ 25
  2.1.2　草图绘制的工作平面 ········ 28
2.2　任务 1　垫板零件草图的绘制 ···· 31
  2.2.1　知识链接 ······················ 31
  2.2.2　任务实施 ······················ 41
  2.2.3　拓展任务（机箱后盖草图绘制） ···· 44
  2.2.4　实践任务 ······················ 45
2.3　任务 2　凸凹模轮廓草图的绘制 ···· 46
  2.3.1　知识链接 ······················ 46
  2.3.2　任务实施 ······················ 47
  2.3.3　拓展任务（垫片轮廓草图绘制） ···· 49
  2.3.4　实践任务 ······················ 51
2.4　任务 3　纺锤形垫片草图的绘制 ···· 51
  2.4.1　知识链接 ······················ 52
  2.4.2　任务实施 ······················ 54
  2.4.3　拓展任务（卡板轮廓草图绘制） ···· 56
  2.4.4　实践任务 ······················ 57
项目小结 ································· 57
项目考核 ································· 58

项目 3　实体建模 ················ 61

3.1　实体建模基础知识 ················ 61
  3.1.1　建模界面 ······················ 61
  3.1.2　"特征"工具栏常用命令 ······ 61
  3.1.3　实体建模步骤 ················ 62
  3.1.4　基准特征种类及创建方法 ···· 62
  3.1.5　布尔运算 ······················ 69
  3.1.6　常用特征编辑 ················ 70
3.2　任务 1　台灯架实体建模 ········ 73

IV

3.2.1	知识链接……73	3.5 任务4 水杯的实体建模……101
3.2.2	任务实施……74	3.5.1 知识链接……101
3.2.3	拓展任务（套的实体建模）……76	3.5.2 任务实施……102
3.2.4	实践任务……77	3.5.3 拓展任务（手摇柄实体建模）……104
		3.5.4 实践任务……106

3.3 任务2 支座实体建模……77

- 3.3.1 知识链接……78
- 3.3.2 任务实施……79
- 3.3.3 拓展任务（戒指实体建模）……81
- 3.3.4 实践任务……82

3.4 任务3 阶梯轴零件实体建模……85

- 3.4.1 知识链接……85
- 3.4.2 任务实施……89
- 3.4.3 拓展任务（轴承端盖实体建模）……94
- 3.4.4 实践任务……98

3.6 任务5 三通零件实体建模……107

- 3.6.1 知识链接……108
- 3.6.2 任务实施……111
- 3.6.3 拓展任务（型腔零件实体建模）……117
- 3.6.4 实践任务……121

项目小结……123

项目考核……123

项目4 曲线曲面建模……128

4.1 曲线曲面建模基础知识……128

- 4.1.1 "曲线"工具栏常用命令……128
- 4.1.2 "曲面"工具栏常用命令及曲面的概念……128
- 4.1.3 曲线曲面建模步骤……130

4.2 任务1 立体五角星线架及曲面建模……130

- 4.2.1 知识链接……131
- 4.2.2 任务实施……139
- 4.2.3 拓展任务（伞帽骨架及曲面建模）……144
- 4.2.4 实践任务……145

4.3 任务2 异形面壳体线架及曲面建模……146

- 4.3.1 知识链接……146
- 4.3.2 任务实施……154
- 4.3.3 拓展任务（摩托车头盔三维线架及曲面建模）……159
- 4.3.4 实践任务……162

项目小结……163

项目考核……163

项目5 部件及产品的虚拟装配……166

5.1 装配基础知识……166

- 5.1.1 装配建模界面介绍……166
- 5.1.2 虚拟装配的概念……167
- 5.1.3 虚拟装配的文件结构……168
- 5.1.4 虚拟装配的主要建模方法……169

5.2 任务1 脚轮自下而上的装配……170

- 5.2.1 知识链接……170
- 5.2.2 任务实施……171
- 5.2.3 拓展任务（齿轮轴的装配）……174
- 5.2.4 实践任务（齿轮泵的装配）……175

5.3 任务2 夹钳自下而上的装配……175

- 5.3.1 知识链接……175
- 5.3.2 任务实施……180
- 5.3.3 拓展任务（线杆座的装配）……185

5.3.4 实践任务（平口钳的装配）……185	5.4.3 拓展任务（弯曲模的装配）……195
5.4 任务3 冲裁模自上而下的装配……186	5.4.4 实践任务（拉伸模的装配）……196
5.4.1 知识链接……186	项目小结……196
5.4.2 任务实施……191	项目考核……197

项目6 工程图设计……199

6.1 工程图设计基础知识……199	设计……218
6.1.1 创建工程图……200	6.3.1 知识链接……218
6.1.2 视图投影……202	6.3.2 任务实施……219
6.1.3 补充、细化视图……204	6.3.3 拓展任务（阀的装配工程图设计）……223
6.2 任务1 底座零件工程图设计……206	6.3.4 实践任务（拉伸模具装配工程图设计）……224
6.2.1 知识链接……206	
6.2.2 任务实施……208	项目小结……225
6.2.3 拓展任务（阶梯轴工程图设计）……217	项目考核……225
6.2.4 实践任务（支座零件工程图设计）……218	
6.3 任务2 弯曲模具装配工程图	

项目7 壳体产品的建模、分模及模具型芯和型腔的数控加工编程……228

7.1 任务1 肥皂盒产品的建模……228	7.3 任务3 肥皂盒模具型芯的数控加工编程……239
7.1.1 知识链接……228	7.3.1 知识链接……239
7.1.2 任务实施……228	7.3.2 任务实施……240
7.1.3 拓展任务（MP4下盖产品建模）……231	7.3.3 拓展任务（肥皂盒模具型腔的数控加工编程）……247
7.1.4 实践任务……233	7.3.4 实践任务……247
7.2 任务2 肥皂盒产品的分模……234	项目小结……248
7.2.1 知识链接……234	项目考核……248
7.2.2 任务实施……235	
7.2.3 拓展任务（MP4下盖产品分模）……238	
7.2.4 实践任务……239	

参考文献……250

项目 1　UG NX 基础知识

UG NX（简称 NX）软件是 CAD/CAE/CAM 系统集成软件之一，目前广泛应用于航空、汽车、机械、家电等领域。NX 是目前 CAD/CAM 领域最具影响力的软件之一，代表了 CAD/CAM 技术发展的趋势。

【能力目标】

1. 了解 UG NX 软件的结构、界面及模块构成。
2. 掌握察看、分析、缩放、图层控制等常用软件操作命令。
3. 掌握不同格式文件的转换方法。

【知识目标】

1. UG NX 软件的打开、关闭，文件的创建、保存等。
2. 软件模块之间的切换。
3. IGES、STEP、DXF 等格式文件的导入、导出。
4. 隐藏、图层等快捷方式操作。
5. 视图及显示特征的操作。
6. 坐标系的创建及操作。

【素养目标】

1. 培养学生从点滴做起，养成良好的学习习惯和行为品质。
2. 培养学生在学到先进的专业知识和技能的同时，养成良好的职业素质和爱国情怀。

1.1　任务 1　认识 UG NX 及其界面

【教学目的】1. 了解 UG NX 软件的发展历史、技术特点。
　　　　　　2. 熟悉 UG NX 软件界面。
　　　　　　3. 了解 UG NX 软件的模块化结构与特点。
【教学重点】UG NX 软件的功能及使用方法。
【教学难点】理解 UG NX 软件的技术特点及模块化结构与特点。

1.1.1　UG NX 软件简介

UG NX 的前身是 UG 软件，起源于麦道（MD）公司，20 世纪 60 年代起成为商业化软件。

1987 年，通用汽车公司（GM）选择 Unigraphics 作为其战略合作伙伴，这是 UG 软件发展历史上最重要的事件。通过与 GM 的合作，UG 软件成功进入汽车行业，并为日后进入其他行业领域奠定了基础。

1989 年，UGS 将与 STEP 标准兼容的全新的三维实体建模核心 Parasolid 引入 Unigraphics。

1991 年，GE 发动机公司及 GE 电力公司选择 Unigraphics；UG 并入 EDS 公司，改名为 EDS Unigraphics。

1993 年，Unigraphics 引入复合建模的概念，将实体建模、曲面建模、线框建模、半参数化及参数化建模融为一体。

2001 年，并购 SDRC 的 I-DEAS 软件，公司更名为 EDS PLM Solutions，同时提出了产品生命周期管理（PLM）的新概念。

2003 年，EDS 更名为 UGS，新名字体现了占市场领导地位的产品全生命周期管理（PLM）业务的持续发展。

2008 年 06 月，UGS 与西门子（Siemens）公司合作，更名为 Siemens PLM Software，并先后发布了 NX 6.0、NX 7.5、NX 8.0、NX 10.0、NX 12.0 等，这些版本建立在新的同步建模技术基础之上，标志着 NX 进入了一个新的发展周期。

UG 自出现以后，在航空航天、汽车、通用机械、工业设备、医疗器械以及其他高科技应用领域的机械设计和模具加工自动化的市场上得到了广泛的应用。多年来，UG 一直在支持美国通用汽车公司实施目前全球最大的虚拟产品开发项目，并在全球汽车行业得到了广泛的应用。另外，UG 软件在航空领域也有很好的表现：在美国的航空业，安装了超过 10 000 套 UG 软件；在俄罗斯航空业，UG 软件占有 90%以上的市场。同时，UG 软件的应用还遍布通用机械、医疗器械、电子、高技术以及日用消费品等行业，例如：3M、飞利浦公司、吉列公司等。

UG 软件从 1990 年进入中国市场，便得到了越来越广泛的应用，在汽车、航天、军工、模具等领域大显身手，已经成为我国工业界主要使用的大型 CAD/CAE/CAM 软件。随着 UG 用户数量在中国的大幅增加，企业对优秀的 UG 技术人才的需求越来越强烈，尤其是在模具行业，熟练掌握 UG 软件是对模具技术人员的基本要求之一。

1.1.2　UG NX 软件技术特点

作为 CAD/CAE/CAM 一体化集成软件，UG NX 的功能十分强大，命令也非常多，可以用"博大精深"来形容，设计人员要想掌握软件所有的命令和功能，几乎是不可能的。因此在软件的学习和使用过程中，除了常用的操作命令之外，更重要的是要了解软件的整体结构和操作思想，这样才能对软件有一个全面的了解，掌握其规律，自如地驾驭该软件。UG NX 软件的技术特点主要包括三维实体特征、参数化、相关性这三个方面。

1. 三维实体特征

UG NX 以 Parasolid 为实体建模核心，采用复合建模技术，可将实体建模、曲面建模、线框建模、显示几何建模与参数化建模融为一体，具有统一的数据库，真正实现了 CAD/CAE/CAM 等各模块之间的无数据交换的自由切换。

相对于二维 CAD 产品而言，UG NX 的模型首先是一个三维（立体的）几何形状，而不是二维（平面的）形状。另外，相对于一些早期的三维 CAD 软件而言，UG NX 中的立体不是通过点、线、面围成的一个空心的轮廓，而是一个实心的立体模型。这种 CAD 实体的模型可以附加密度、材质等属性，便于各种工程计算；还可以附加尺寸公差、表面粗糙度等精度属性，便于制定加工工艺参数，生成 CAM 程序，真正实现了 CAD/CAE/CAM 的一体化集成。

2. 参数化

每一个 CAD 模型都是由大量的数字构成的，如实体的长度、宽度、厚度、孔、凸台等特征的尺寸、位置，装配组件中零件之间的装配关系，这些都需要用数字来表达，其中的每一个数字都可以称为"参数"。在设计的过程中，这些参数会伴随着设计的进行而被创建、修改、删除。如果直接对这些参数进行创建、修改、删除，会直接影响到与之相关的 CAD 模型，如图 1-1 所示。UG NX 中的参数又被称为"表达式"，对表达式的操作是 CAD 建模中的重要部分。

3. 相关性

在任何产品的设计、加工过程中都包含着大量相互关联的特征和参数，这些相关元素能否同步更新，对产品设计、制造的质量和效率有着巨大的影响，现实生产过程中的很多质量问题都是产品中的某个参数没有同步更新造成的。如图 1-2 所示的壳体和盖板之间使用 4 个螺栓进行安装，如果设计过程中修改了盖板上螺栓孔的直径和位置，却忽略了对壳体的修改，那么装配产品的时候就会出现麻烦。

在 UG NX 当中，可以通过建立特征的相关性，使这些相关元素能够自动、同步地更新，实现"牵一发而动全身"的效果，从而不但可以大幅提高设计的效率，降低设计人员的劳动强度，还可以有效地降低设计过程中的错误率。

UG NX 中的相关性主要体现在装配组件中的不同零件之间，包括参数相关性和几何相关性两种。

图 1-1 特征的参数

图 1-2 特征之间的相关性

1.1.3 UG NX 软件界面介绍

UG NX 软件采用的是标准的 Windows 程序界面，启动软件后，首先通过"文件"→"首选项"→"用户界面"，选择"经典工具条"，操作界面如图 1-3 所示。

图 1-3 UG NX 软件界面

界面上"菜单栏""工具栏""提示栏""状态栏"的使用方法和其他 CAD 软件或 Windows 标准程序类似。

菜单栏是标准的下拉式菜单，包含了所有的 UG NX 功能与命令。

工具栏可以根据个人操作习惯进行定制。

导航栏是比较重要的一个区域，下面进行详细的介绍。

（1）装配导航器　展示装配文件的树状结构及零件信息，可以从中直接选取零件进行操作，如图 1-4 所示。

（2）约束导航器　列出装配零件之间所有配对关系的详细信息，并可直接选取、编辑，如图 1-5 所示。

图 1-4　装配导航器

图 1-5　约束导航器

（3）部件导航器　列出一个实体文件的所有特征，并可直接从中选取特征进行编辑，或改变特征创建顺序，如图 1-6 所示。

（4）角色　UG NX 软件可以定义使用者的角色，不同角色对应的工具栏、菜单栏中显示的命令、功能数量有所不同，如图 1-7 所示。设计者应该选择"高级"的角色。

图 1-6　部件导航器

图 1-7　角色

【实践任务】

打开软件，熟悉界面，并打开文件，观察各个导航器中的内容，练习角色切换。

1.1.4　模块化结构与特点

UG NX 软件功能众多，适用于各行各业，为了方便使用，软件采用了模块化结构设计，即将适用于某一特定行业或特定产品的命令或功能集中于一个模块。目前，UG NX 软件共包括

60 多种应用模块，常用的有 20 多种，如图 1-8 所示。不同的应用模块具有各自的环境，使用者可以通过单击"启动"按钮随时进入所需的模块。

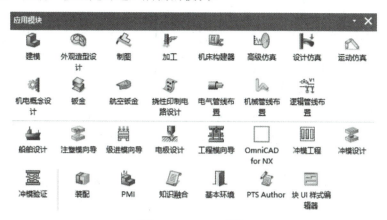

图 1-8　UG NX 模块

在众多模块中，最常用的就是 CAD 模块、CAM 模块、CAE 模块。

【实践任务】

打开软件，熟悉界面，在各模块中进行切换。

1.2　任务 2　熟悉 UG NX 软件基本操作

UG NX 的基本操作包括文件操作、鼠标键盘操作、视图操作、图层操作等，在软件使用过程中，几乎每个操作步骤都会用到这些基本操作，因此熟练掌握这些基本操作，不但是使用 UG NX 软件的基本要求，而且对使用者理解软件的内涵，掌握软件的思路很有帮助。

【教学目的】

1. 掌握 UG NX 的文件操作（文件的新建、打开、保存、打印、导入、导出等）。
2. 掌握 UG NX 软件的鼠标及键盘操作、图层操作、视图操作。
3. 掌握 UG NX 软件的对象操作、坐标操作。
4. 掌握 UG NX 软件的特征测量与分析、表达式。

【教学重点】UG NX 软件的文件、图层、视图、鼠标及键盘操作。

【教学难点】熟练掌握 UG NX 软件的鼠标及键盘操作。

1.2.1　文件的操作

在软件学习和使用过程中最先面对的就是文件操作，几乎每一种 Windows 操作系统下的应用软件都会把"文件"菜单放在第一位。在"文件"菜单中包含各种常用的文件管理命令，包括文件的新建、打开、保存，文件打印，不同格式文件的导入、导出等。

1. 新建文件

可以在"文件"菜单选择"新建"命令，也可以在"标准"工具栏单击"新建"按钮,或直接按〈Ctrl+N〉快捷键,打开"新建"对话框,如图1-9所示。该对话框包括6个选项卡。

(1)模型 该选项卡中包含各种常用工程设计子模块,选定所需的子模块,并设置文件名称和保存路径,单击"确定"按钮,即可进入指定的工作环境中。

> 注:如果不是在设计者常用的计算机上使用UG NX软件,在确定之前,务必注意一下"单位"选项的内容,选择正确的单位设置,这一点至关重要。

(2)图纸 该选项卡中包含常用的各种工程图纸的类型、模板,如图1-10所示。指定图纸类型并设置名称和保存路径,然后选择需要创建工程图的三维模型(主模型)文件,即可进入指定模板的工作环境。

图1-9 新建模型文件

图1-10 新建工程图文件

> 注:按这种方式创建的工程图文件是一个单独的UG NX文件,该文件和主模型文件存在相关性,注意在进行剪切、复制等操作时一定要对两个文件同时进行。

2. 打开文件

利用"打开文件"命令可以直接打开已有的文件以便继续进行编辑操作,在打开文件的同时进入文件上次保存时所处的工作环境。要打开指定的文件,可以在"文件"菜单选择"打开"命令,也可以在"标准"工具栏单击"打开"按钮,或直接按〈Ctrl+O〉快捷键,即可弹出"打开"对话框,如图1-11所示。

在该对话框中选择文件的路径和文件名称,如果选中右侧的"预览"选项,会在预览窗口中显示所选的图形。

3. 保存文件

在完成编辑或操作后,可以对文件进行保存。在"文件"菜单选择"保存"命令,或在"标准"工具栏单击"保存"按钮,或直接按〈Ctrl+S〉快捷键,即可将文件保存到原来的目录下。

如果需要将当前文件保存到其他文件夹或保存为另外一个文件,可以选择"文件"菜单下的"另存为"命令。在"另存为"对话框中,在"保存类型"选项中选择其他种类的文件格式,即可完成文件的格式转换,如图1-12所示。

图 1-11　打开已有 UG NX 文件

图 1-12　另存文件

 注意：以往版本的 UG NX 软件不支持中文文件名，文件名称和路径中如果包含中文字符都无法保存和打开。UG NX 8.0 版本支持中文文件名称和路径，但需要在系统环境变量中增加一个新的环境变量"UG_II_UTF8_MODE=1"，如图 1-13 所示。UG NX 10.0 以后的版本可以直接打开中文命名的文件。

图 1-13　设置支持中文文件名的环境变量

4. 关闭文件

UG NX 的关闭文件命令同样存在多个选项，在完成设计操作后，可以选择对应的命令关闭文件。当选择关闭文件命令中的"选定的部件"时，如图 1-14 所示，会弹出"关闭部件"对话框。该对话框主要针对包含装配结构关系文件，可以通过该对话框选择将装配文件全部关闭还是关闭指定某个零件。

图 1-14　关闭文件命令

【实践任务】

分别练习新建文件、打开文件、保存文件等操作。

5. 文件打印

UG NX 中的打印包括打印和绘图两种方法，这两种方法的原理有很大的不同。

"打印"命令与其他软件的打印命令类似，使用普通的打印机，直接对屏幕上的内容进行打印。

"绘图"命令可以执行工程图 1∶1 打印，或者严格按图样比例打印，但只能使用支持 HPGL 和 Postscript 两种类型的打印机。按照现在市场的情况，HP 的全系列打印机能使用（其他品牌的激光打印机大多也能用，因为大部分激光打印机都内置 HPGL 或 PS 语言解释），喷墨打印机和针式打印机几乎都不支持。

6. 文件的导入、导出

目前，市场上同时存在着很多不同种类的 CAD/CAM 软件，其中二维 CAD 软件以 AutoCAD 为代表，其文件格式为 DWG/DXF，三维 CAD 软件则包括 UG NX、Pro/E、CATIA、SolidEdge、SolidWorks 等，这些软件的文件格式都是不同的，无法互相读取。另外，现在软件更新的速度也非常快，平均一年半左右就会有新版本推出，通常新版本的软件可以读取旧版本软件生成的文件，而旧版本的软件无法读取新版本软件生成的文件。这些不同软件之间、不同版本之间的文件不兼容，对协同生产造成了很大的障碍，因此在文件传递过程中通常会将文件转存成符合国际标准的中间图形格式文件，这些中间图形格式通常采用 ASCII 格式或二进制格式，这样才能实现不同软件间文件的相互读取。这种文件格式的转换，就是通过文件的导入导出功能来实现的。

下面以 IGES 文件为实例介绍文件的导入、导出操作方法，其他格式与之类似。

（1）IGES 文件导出　选择"文件"→"导出"→"IGES…"命令，弹出"导出至 IGES 选项"对话框，如图 1-15 所示。

对于带有装配关系的文件来说，如果选择"显示部件"选项，则只把当前显示的零部件导出，如果选择"现有部件"选项，则将该装配部件进行导出。

单击"要导出的数据"选项卡，可以选择希望导出的几何元素。确定好所有导出选项，如图 1-16 所示，然后单击"确定"按钮，开始导出过程，耐心等待一会儿，当进度达到"100%"时，即完成文件的导出。

图 1-15　导出 IGES 格式文件

图 1-16　导出 IGES 格式文件选项设置

（2）IGES 格式导入　选择"文件"→"导入"→"IGES…"命令，弹出"导入自 IGES 选项"对话框，如图 1-17 所示。

图 1-17　导入 IGES 格式文件

【实践任务】

1）将 UG NX 实体文件分别导出为 IGES、STEP 格式文件。
2）将 UG NX 二维图文件导出为 DXF 格式文件。
3）将 IGES、STEP 文件分别导入到已有的 UG NX 文件中。
4）将 IGES、STEP 文件分别导入并新建 UG NX 文件。
5）将 UG NX 实体文件导出为 JPEG 格式图片。
6）将 UG NX 二维图文件导出为 CGM 格式图片。

7. UG NX 用户默认设置

在使用 UG NX 软件时，可以根据使用者的习惯和爱好对 UG NX 的默认环境设置进行修改。通过选择"文件"→"实用工具"→"用户默认设置"选项，即可打开如图 1-18 所示对话框。在该对话框中，可以对要修改的参数进行编辑。

图 1-18　UG NX 系统参数设置

另外，在"首选项"菜单中，也可以对某些环境变量进行修改。

 注意：该功能只有对 UG NX 比较熟练的用户才能使用，初学者最好不要操作。

1.2.2　键盘和鼠标的操作

1. 鼠标的操作

鼠标作为 UG NX 操作重要的输入设备，具有非常丰富的功能，下面分别介绍常用的鼠标操作方法。

（1）单击左键　选择特征或命令。
（2）单击右键
1）在工具按钮区域，打开"设置工具栏"对话框。
2）在绘图区空白处，显示常用的显示、筛选命令，如图 1-19a 所示。
3）在几何特征上，显示常用的特征操作命令，如图 1-19b 所示。
（3）长按右键　显示编辑快捷命令，如图 1-20 所示。
（4）单击中键　相当于执行"确认"命令。
（5）转动滚轮　相当于执行视图"缩放"命令。
（6）按住中键并拖动　相当于执行视图"旋转"命令。
（7）按住中键+右键并拖动　相当于执行视图"平移"命令。
（8）按住中键+左键并拖动　相当于执行视图"缩放"命令。

2. 快捷键的操作

在 UG NX 操作中键盘也是重要的输入设备，除了可以输入参数之外，还可以使用或定制快捷键来提高操作速度。常用快捷键包括：

图 1-19　鼠标右键的使用　　　　　　　　　　图 1-20　长按右键
a）设置显示模式　b）编辑特征

文件(F)→新建(N)...　　　　　　〈Ctrl+N〉
文件(F)→打开(O)...　　　　　　〈Ctrl+O〉
文件(F)→保存(S)　　　　　　　〈Ctrl+S〉
文件(F)→另存为(A)...　　　　　〈Ctrl+Shift+A〉
编辑(E)→删除(D)...　　　　　　〈Ctrl+D〉
编辑(E)→选择(L)→全选(A)　　　〈Ctrl+A〉
编辑(E)→隐藏(B)→隐藏(B)...　　〈Ctrl+B〉
编辑(E)→隐藏(B)→互换显示与隐藏(R)　〈Ctrl+Shift+B〉
编辑(E)→隐藏(B)→不隐藏所选的(S)...　〈Ctrl+Shift+K〉
编辑(E)→隐藏(B)→显示部件中所有的(A)　〈Ctrl+Shift+U〉
编辑(E)→变换(N)...　　　　　　〈Ctrl+T〉
编辑(E)→对象显示(J)...　　　　〈Ctrl+J〉
应用(N)→建模...　　　　　　　〈Ctrl+M〉
应用(N)→制图(D)...　　　　　　〈Ctrl+Shift+D〉
应用(N)→装配(L)　　　　　　　〈Ctrl+Alt+W〉
刷新(S)　　　　　　　　　　　〈F5〉
适合窗口(F)　　　　　　　　　〈Ctrl+F〉
缩放(Z)　　　　　　　　　　　〈F6〉
旋转(O)　　　　　　　　　　　〈F7〉

用户还可以自定义快捷键，如图 1-21 所示。

图 1-21　自定义快捷键界面

【实践任务】

分别练习鼠标及键盘的快捷操作。

1.2.3 图层的操作

UG NX 中的图层除了可以控制显示之外,还是对各种几何元素分类管理的有效工具。UG NX 中最多可以使用 256 个图层,从 1~256,其中只有一个是当前工作层。

图层操作在"格式"菜单下,单击"图层设置"即可进入相应界面,如图 1-22 所示。图层可以用来分别放置不同类型的几何特征,从而进行分类管理,如图 1-23 所示。

图 1-22 "图层设置"命令

图 1-23 图层控制选项

在定义特征的图层时,可以选择"移动至图层"或"复制至图层"命令。图层除了可以控制实体特征的显示之外,在工程图中也可以应用。

【实践任务】

打开 UG NX 文件,并练习图层操作,包括移动至图层、复制至图层。

1.2.4 视图的操作

在 UG NX 使用过程中,经常需要改变观察模型对象的位置和角度,还会经常改变特征的显示模式,以方便进行操作和分析研究,这就需要使用者熟练掌握 UG NX 中各种控制显示模式的操作,UG 视图控制命令如图 1-24 所示。可以说,视图操作是 UG NX 中最常用的,其中主要包括视图基本观察方法、控制视图的渲染样式、观察定向视图、观察视图的截面。

1. 视图基本观察方法

(1)适合窗口 调整工作视图的中心和比例以显示所有对象,即在工作区全屏显示全部视图。

(2)缩放 将选定区域进行局部放大。

(3)放大/缩小 对工作区域整体进行视图的缩放。

(4)平移 可以用鼠标拖动工作视图移动。

(5)旋转 可以用鼠标拖动工作视图进行转动。默认的转动是以屏幕中心为旋转原点的,也可以通过鼠标右键指定旋转原点,展示效果更好。如果选择精确旋转模式,则会降低旋转速度,提高显示精度。

图 1-24　UG 视图控制命令

这些操作可以通过选择对应的命令按钮，也可以在工作区单击鼠标右键在快捷菜单中选择对应的命令，更简捷的方法是直接使用鼠标键的组合进行操作。

2．控制视图的渲染样式

在对视图进行观察时，为了达到不同的观察效果，往往需要改变视图的显示方式，来展示不同的显示效果，如实体显示、线框显示等，如图 1-25 所示。主要包括以下几种。

（1）带边显示　渲染工作实体中实体的面，并显示棱边。

（2）着色　只显示渲染工作实体中实体的面，不显示棱线。

（3）静态线框　只显示实体的线框图，不渲染表面。

（4）带有淡化边的线框　将实体中隐藏的线显示为灰色。

（5）带有隐藏边的线框　只显示可见线，不显示隐藏线。

（6）真实着色　根据指定的基本材料、纹理和光源实际渲染工作视图的面。

3．观察定向视图

在绝对坐标系中，按照视图投影规定方向显示不同方位的视图，如图 1-26 所示，共包括 8 种视图方位。

图 1-25　UG NX 显示效果

图 1-26　UG NX 定向视图

（1）正二测视图　从坐标系的右-前-上方向观察实体。

（2）正等测视图　以等角度关系，从坐标系的右-前-上方向观察实体。

（3）俯视图　将视图切换至俯视图模式。

（4）仰视图　将视图切换至仰视图模式。

(5)左视图　将视图切换至正左视图模式。
(6)右视图　将视图切换至正右视图模式。
(7)前视图　将视图切换至正前视图模式。
(8)后视图　将视图切换至正后视图模式。

对于比较复杂的腔体类零件或装配文件，经常需要观察零件内部的情况，这时可以利用"截面"命令对几何体进行剖切，从而达到观察实体内部结构的目的，如图 1-27 所示。

在观察截面时可以对动态坐标进行拖拽来改变截面方向和位置。

如果需要将截面线保存下来，可以打开"截面曲线设置"选项组，单击"保存截面曲线的副本"命令按钮，即可得到当前位置的截面曲线，如图 1-28 所示。

图 1-27　截面显示

图 1-28　截面线设置

【实践任务】

打开实体文件，进行视图操作练习。

1.2.5　对象的操作

在 UG NX 建模过程中，经常需要选择各种特征，对这些特征的参数、显示方式等设置进行操作，这些操作也是 UG NX 的基本操作。

1. 选择特征的方法

(1)使用鼠标直接选择　在操作过程中，可以直接在工作区使用鼠标左键来选择几何特征，如果连续单击选择即可同时选择多个特征。也可以在空白工作区按住鼠标左键并拖动鼠标划过一个区域，将所划过区域中的所有特征同时选中。

当选择错误需要取消时，可以按住〈Shift〉键，然后用鼠标左键单击需要取消选择的特征。按键盘上的〈Esc〉键，可以同时取消所有选择。

除了在工作区选择之外，还可以在部件导航器中用鼠标左键或〈Shift〉+左键进行特征选择。

(2)使用类选择器进行选择　UG NX 中每一个几何特征都有很多属性，如几何类型、颜色、线型、所属图层等，这些属性可以将特征进行分类。类选择器就是一个过滤器，它可以通过某些限定条件选择不同类型的对象，从而提高工作效率。

类选择时可以使用 4 种过滤方式，如图 1-29 所示。分别如下。

1)类型过滤器：根据特征的几何属性进行筛选，包括点、曲线、面、实体、片体、基准等多种类型。

2）图层过滤器：可以对指定图层内所包含的几何特征进行选择。

3）颜色过滤器：可以按照指定颜色进行筛选。UG NX 中共包括 216 种颜色，如果不知道特征的准确颜色代号，可以选择"从对象继承"，然后选择一个特征，即可提取其颜色代号来定义过滤器，如图 1-30 所示。

4）属性过滤器：通过指定对象的共同属性来限制选择对象的范围，如图 1-31 所示。

图 1-29 "类选择"对话框

图 1-30 颜色过滤器

图 1-31 属性过滤器

以上几种过滤器可以同时使用，根据几种过滤方式的交集，来进行更为精确的选择。

（3）使用优先级选择对象 除了以上两种选择对象的方法之外，还可以通过指定优先级来选择对象，如图 1-32 所示。

图 1-32 选择优先级设置

通过"编辑"→"选择"命令，在弹出的子菜单中选择指定的选项，即可执行选择设置。

> **提示**：UG NX 设计的是三维实体特征，而显示器是二维平面显示，所以很多特征在显示时是重叠在一起的，用户看到的只是排在最前面的。当鼠标停在屏幕上的一点时，在选择范围内可能包括很多特征，为了选到所需的特征，除了使用以上选择方法之外，还可以将鼠标在需要选择的位置上停留几秒钟，就会弹出多选模式，这时单击鼠标左键，弹出"快速拾取"对话框，可以从列表中选择所需的几何元素，如图 1-33 所示。

图 1-33 "快速拾取"对话框

2. 显示/隐藏对象

在创建复杂模型时，一个文件中往往存在多个实体造型，造成各实体之间的位置关系相互错叠，这样在大多数观察角度上将无法看到被遮挡的实体。这时，将当前不操作的对象隐藏起来，即可方便地对其覆盖的对象进行操作。

（1）按类型控制显示和隐藏　选择"编辑"→"显示和隐藏"→"显示和隐藏"命令，或使用〈Ctrl+W〉快捷键，打开如图 1-34 所示对话框。

在该对话框的"类型"列中列出了当前图形中所包含的各类型名称，通过单击右侧"显示"列中的按钮"+"或"隐藏"列中的按钮"-"，即可控制该名称类型所对应特征的显示和隐藏状态。

（2）用快捷键控制显示和隐藏　UG NX 操作中推荐用快捷键来控制特征的显示和隐藏，方法是：先选定需要隐藏的对象，然后使用〈Ctrl+B〉快捷键进行隐藏。另外两个常用的快捷键是：〈Ctrl+Shift+B〉用于反转显示和隐藏，即将处于隐藏状态的对象变为显示，将处于显示状态的特征变为隐藏；〈Ctrl+Shift+U〉用于取消隐藏设定，将所有处于隐藏状态的特征变为显示状态。

3. 特征的抑制

通过特征抑制也可以使特征在工作区不可见，但是抑制和隐藏是有很大区别的。隐藏只是将特征设为不可见，也可以理解为将特征设为透明的状态，而特征还是存在的。抑制可以理解为特征被强制"关闭了"，也就是不存在了，结果是除了特征本身消失了，属于此特征的子特征也同时消失了。

抑制特征时可以直接在部件导航器单击特征前的对号，也可以在所选特征上单击鼠标右键，在快捷菜单中选择"抑制"命令，如图 1-35 所示。

图 1-34　分类特征的显示与隐藏控制

图 1-35　特征的抑制

4. 编辑对象显示参数

通过编辑对象的显示方式，可以修改对象的颜色、线型、透明度、所属图层等属性，特别适合于在创建复杂的实体模型时对各部分的观察、选取以及修改等操作。

进行该操作时，可以通过"编辑"→"对象编辑"命令打开"类选择"对话框，从工作区选取所需对象并确认，打开"编辑对象显示"对话框，如图 1-36 所示。也可以先选定需要编辑的特征，然后再选择"对象编辑"命令。调用该命令时，可以直接使用〈Ctrl+J〉快捷键。

图 1-36 特征显示及特征设置

【实践任务】

练习上述特征操作。

1.2.6　坐标系的操作

对于三维 CAD 软件来说，所有的操作都是在三维空间环境下进行的，因此，对坐标系的控制和使用是非常重要的。

在 UG NX 系统中包括 3 种坐标系，分别是绝对坐标系（ACS）、工作坐标系（WCS）、特征坐标系（FCS），其中常用的是绝对坐标系和工作坐标系。绝对坐标系是一个系统默认的固定坐标系，方向和位置是始终不变的。工作坐标系是可以根据实际需要进行构建、偏置、变换方向或对坐标系本身保存、显示和隐藏。绝对坐标系下的坐标值用 X、Y、Z 来表示，工作坐标系下的坐标值用 XC、YC、ZC 来表示。

1. 建立基准坐标系（CSYS）

在进行复杂产品设计时，可以根据需要建立多个基准坐标系。在一个图形文件中，可以存在多个基准坐标系，但工作坐标系只能有一个，这些基准坐标系只能用于指示方位，在使用时必须将其设定为工作坐标系，才能够变成当前工作坐标系。

建立基准坐标系，可选择"插入"→"基准/点"→"基准 CSYS"命令，打开"基准 CSYS"对话框，如图 1-37 所示。

2. 操作工作坐标系

选择"格式"→"WCS"命令，在弹出的子菜单中选择指定的选项，如图 1-38 所示，即可执行各种坐标系操作，各选项的含义及使用方法叙述如下。

（1）动态　可以直接使用鼠标拖动来改变 WCS 的位置或角度。拖动坐标轴之间的小球可以进行旋转，拖动箭头可以按所选箭头方向平移，拖动原点处的大球可以按任意方向移动整个坐标系。

项目1　UG NX 基础知识

图 1-37　UG NX 基准坐标系

图 1-38　工作坐标系的操作

（2）原点　直接定义 WCS 的原点坐标值来移动坐标系的位置，移动后的坐标系不改变各坐标轴的方向。

（3）旋转　使当前的 WCS 绕某一轴旋转一定的角度来定位新的 WCS。

（4）定向　可以按上面介绍的创建 CSYS 方法来重新定义 WCS 的位置。

（5）更改 XC 方向或更改 YC 方向　选择一点，以该点与原 WCS 原点的连线作为新的 XC 或 YC 方向转动 WCS。

（6）显示　用以显示或隐藏当前的 WCS。

（7）保存　有一些经过复杂的平移或旋转变换后的 WCS，可以通过此选项将其保存下来，保存下来的 WCS 不但区别于原来的坐标系，而且可以随时调用，如图 1-39 所示。

【实践任务】

练习上述坐标系的操作方法。

1.2.7　特征的测量与分析的操作

在进行设计或使用已有的设计文件时，经常要对几何特征进行测量或查询相关的信息，这些操作可以通过"信息"和"分析"菜单里的相关命令来完成，如图 1-40 所示。

1. 信息的查询

（1）对象　列出所选几何对象的全部信息，包括文件信息、特征属性、几何信息等。

（2）点　列出所选点的坐标数值，包括绝对坐标值和工作坐标值。

（3）样条　列出所选样条线的极点、分段，以及节点的阶次和个数的信息。

图 1-39　当前工作坐标系　　　　　图 1-40　UG NX "信息" 菜单

（4）曲面　可以显示所选曲面的 U 向和 V 向，控制 B 曲面的多边形和补片边界，并列出诸如极点和补片的阶次及个数的信息。

同样还可以根据使用者的需要，列出所需的各种文件信息。

2. 特征的分析

"分析"菜单里提供了各种测量工具，可以根据需要对所选几何特征进行测量。其中比较常用的命令包括测量长度、测量体、曲线分析和形状分析等。

（1）测量长度　选择"分析"→"测量距离"命令，即可打开"测量距离"对话框。测量的类型包括点对点距离、投影方向距离、曲线长度等。如果选中了"显示信息窗口"选项，即可直接弹出测量结果报告，如图 1-41 所示。

（2）测量体　选择"分析"→"测量体"命令，即可选择实体特征进行测量，测量内容包括实体的体积、质量、表面积等几何信息，如图 1-42 所示。

图 1-41　距离的测量　　　　　　　图 1-42　实体信息查询

（3）曲线分析　对于光顺要求比较高的曲线，在编辑过程中可以随时调用曲线分析中的曲率梳、连续性等分析功能，以保证得到符合要求的曲线。

（4）形状分析　在进行质量要求很高的产品外表面设计过程中，需要使用形状分析中的高亮线、反射线等工具对曲面质量进行评价。

【实践任务】

信息查询和分析命令。

1.2.8 表达式的操作

UG NX 中的表达式是控制和管理特征参数的工具，是实现 UG NX 参数化设计必不可少的基本功能。要想深入理解 UG NX 的内涵并使用一些复杂功能，必须理解表达式的含义，并掌握表达式的使用方法。

UG NX 的表达式是一条算术或条件公式，其等式左侧必须是一个简单变量，等式右侧是一个数学语句或一个条件语句。

算术表达式：p11=118/2。

条件表达式：Radius=if(Delta<10)(3)else(4)。

通过算术表达式和条件表达式，用户可以控制部件的特性，如控制部件中特征或对象的尺寸。通过表达式不但可以控制部件中特征与特征之间、对象与对象之间、特征与对象之间的相互位置关系，而且可以控制装配中的部件与部件之间的尺寸与位置关系。

1."表达式"对话框

选择"工具"→"表达式"命令，即可打开"表达式"对话框，如图 1-43 所示。

图 1-43　UG NX 表达式界面

2. 表达式语法

在 UG NX 中，表达式有它自己的语言，通常模仿 C 编程语言中的表达式用法。表达式由两部分组成，左侧为变量名，右侧为组成表达式的字符串，如图 1-44 所示。表达式字符串经计算后将值赋予左侧的变量。一个表达式等式的右侧可以是含有变量、函数、数字、运算符和符号的组合或常数。用于表达式等式右侧中的每一个变量，必须作为一个表达式名字出现在某处。

图 1-44 UG NX 表达式语法格式

（1）变量名 表达式的变量名是由字母与数字组成的字符串，但必须以字母开始，可以包含下画线"_"。表达式变量名的字母不区分大小写，如果将表达式的单位设为恒定的，则表达式变量名大小写有区别。

（2）运算符 UG NX 表达式运算符分为算术运算符（+、-、*、/）、关系运算符（>、<、<=、>=）和连接运算符（^）。

（3）内置函数 建立表达式时，可使用 UG NX 的内置函数，常用内置函数见表 1-1。

表 1-1 UG NX 的常用内置函数

函数名	函数表示	函数意义	备注
sin	sin(x/y)	正弦函数	x 为角度函数
cos	cos(x/y)	余弦函数	x 为角度函数
tan	tan(x/y)	正切函数	x 为角度函数
sinh	sinh(x/y)	双曲正弦函数	x 为角度函数
cosh	cosh(x/y)	双曲余弦函数	x 为角度函数
tanh	tanh(x/y)	双曲正切函数	x 为角度函数
abs	abs(x)	绝对值函数	
asin	asin(x/y)	反正弦函数	结果为弧度
acos	acos(x/y)	反余弦函数	结果为弧度
atan	atan(x/y)	反正切函数	结果为弧度
log	log (x)	自然对数	log(x)=ln(x)
log10	log10 (x)	常用对数	$log_{10}(x)=lgx$
exp	exp (x)	指数	e^x
fact	fact (x)	阶乘	x!
sqrt	sqrt (x)	平方根	
hypot	hypot (x,y)	直角三角形斜边	$=sqrt(x^2+y^2)$
ceiling	ceiling (x)	≥x 的最小整数	
floor	floor (x)	≤x 的最大整数	
pi	pi()	圆周率 π	3.14159265358

（4）在表达式中使用注释 可以在表达式中添加注释。双正斜线"//"表示让系统忽略它后面的内容，一直到该公式的末端都是注释。注释可以起到提示作用，说明表达式是"用来做什么的"。例如：length=2×width//length is twice as much as width。

3. 条件表达式

条件表达式是利用 if else 语法结构创建的表达式，其语法是："VAR=if(exp1)(exp2)

else(exp3)"。其中，VAR 为变量名，exp1 为判断条件表达式，exp2 为判断条件表达式结果为真时所执行的表达式，exp3 为判断条件表达式结果为假时所执行的表达式。

例如，条件表达式为 "Radius=if(Delta<10)(3)else(4)"，其含义是：如果 Delta<10，则 "Radius=3"，如果 Delta≥10，则 "Radius=4"。

4．创建和编辑表达式

表达式可以自动创建，也可以手动进行创建。

自动创建是被动的。当使用 UG NX 创建某些特征时，系统会自动生成一些表达式，这些自动生成的表达式名字开头都是字母 p，后面按照创建次序加数字编号。如在一个新建文件里创建一个基本立方体，系统就会自动生成 p9、p10、p11 三个表达式分别代表立方体的长、宽、高。用户可以随时更改这三个表达式的数值，对应的立方体也会随之改变。当进行以下操作时，系统会自动建立各类必要的表达式，如图 1-45 所示。

图 1-45　系统自动生成表达式

在特征建模时，每创建一个特征，系统会为特征的各个尺寸参数和定位参数建立各自独立的表达式。

在标注草图时，标注某个尺寸，系统会对该尺寸建立相应的表达式。

在装配建模时，设置一个装配条件，系统会自动建立相应的表达式。

为了方便记忆，用户也可以对自动生成的表达式进行更名，操作时选定需要更名的表达式，然后在"名称"文本框中输入新名称，单击右侧的"√"按钮即完成更名。

手动创建表达式是主动的，可以在开始建模之前先定义一些关键表达式。

通常在设计一个产品时，都会预先确定一些产品的关键参数，因此在开始建模之前，可先打开"表达式"对话框，分别在"名称"和"公式"文本框中输入这类表达式的名称和数值或计算公式。在建模过程中需要用到这些表达式时，直接输入表达式的名称即可。

例如，先分别建立 L、W、H 三个参数，并定义数值或公式，建模时再直接输入表达式名称，如图 1-46 所示。

图 1-46　表达式的自定义命名

5．表达式之间的关联

通常，一个产品是由若干个零件组装而成的，这些零件之间，有很多尺寸是有相互关系的，如有配合关系的孔和轴的直径。在使用 UG NX 进行产品设计时，可以使用表达式之间的关联来定义这种有相关性的表达式，当定义了这种关联之后，如果有一个表达式的数值发生了改变，与之相关的表达式也会同时改变。

例如：模具中的导柱和导套，先创建导柱的文件，定义一个表达式 D，作为导柱的直径，如图 1-47 所示。再创建一个导套的文件，定义一个表达式 d，作为导套的内径。在定义表达式 d 时，单击"创建部件间引用"按钮，在弹出的对话框中选择导柱部件名 DZ.prt 并确定，如图 1-48 所示。即弹出导柱零件文件中的所有表达式的列表，从中选择表达式 D 并确定，表达式 d 的公式变成"d= "DZ"::D"，这样 d 和 D 之间就建立了关联，如图 1-49 所示。

图 1-47　UG NX 表达式之间的关联

图 1-48　表达式之间关联的建立

图 1-49　表达式之间的关联

当需要更改表达式之间的关联时，可以单击"编辑部件间引用"按钮，来编辑或删除这种引用关系。

需要注意的是，这种表达式之间的关联是有主次关系的，一个是主控的，另外一个是被控的。如上例中 D 是主要参数，是主控的，d 则是次要参数，是被控的。当需要修改表达式的数值时，只能修改主要参数，不能直接修改次要参数。

【实践任务】

表达式的建立和编辑。

项目小结

UG NX 作为大型三维 CAD/CAE/CAM 系统代表性软件之一，其功能和使用范围是非常广泛的，可以用"博大精深"来形容，因此，其学习过程是长期的。要想真正学好该软件并能在工作中发挥最大作用，需要注意以下几点。

1）UG NX 软件的学习是一个长期的、循序渐进的过程，因此在学习的过程中不要急躁。

2）UG NX 软件涉及的行业非常多，而一般使用者通常只需用到与本行业相关的一些模块，因此在学习的过程中不要贪多，要结合自身岗位学习。例如：一般的非设计工程技术人员，日常工作中只需调用已有的设计文件进行尺寸查询、工艺制定方面的工作，那么只掌握本章所介绍的基本操作内容就足够了；如果是专业设计人员，就要熟练掌握相关的建模功能；如果是数控加工方面的工作人员，就要掌握 CAM 方面的知识。

3）在学习过程中不要只满足于命令的操作，要去深入体会软件的操作思路和规律，这样才能对软件有深入理解，使用起来才能得心应手，而且在学习其他模块时也会更容易。

4）学习过程中不要"迷恋"软件，要牢记软件只是工具，只是用来实现设计者的意图。对于工程技术人员来说，专业知识和原理才是最重要的，只有将专业知识和软件操作方法结合起来，软件才是有用的，否则，即使掌握了所有软件的操作方法也是没用的。

项目考核

一、填空题

1. 在 UG NX 中的_____模块中，能够使设计人员方便、快捷地获得三维实体模型投影，并通过该投影生成完全相关的二维工程图。

2. 在建模过程中，最常用的是_____坐标系，它可以根据实际需要进行构造、偏置、变换方向等操作。

3. UG NX 中的_____是控制和管理特征参数的工具，是实现 UG NX 参数化设计必不可少的基本功能。

4. UG NX 软件的技术特点主要包括_____、_____、_____三个方面。

5. 导航栏主要包括_____、_____、_____三个导航器。

二、选择题

1. _____模块为设计者提供了一个与 UG NX 的三维建模环境完全整合的模具设计环境，通过该模块可逐步引导用户进行模具设计工作。
   A．建模　　　　　B．装配　　　　　C．制图　　　　　D．注射模

2. 下列_____选项不属于新建文件中的选项卡。
   A．模型　　　　　B．图纸　　　　　C．装配　　　　　D．仿真

3. 在"点"对话框中，可以利用_____两种方式进行点的构造。
   A．系统坐标系和工作坐标系　　　　B．WC 和绝对坐标系
   C．球形和笛卡儿　　　　　　　　　D．智能捕捉和坐标输入

4. 隐藏特征的快捷键是_____。
   A.〈Ctrl+T〉　　　B.〈Ctrl+B〉　　　C.〈Ctrl+Shift+B〉　　　D.〈Ctrl+J〉
5. 表示文件之间参数关联的正确格式是_____。
   A. d= "DZ"::D　　　B. d= DZ::D　　　C. d= "DZ":D　　　D. d== "DZ"::D

三、判断题（错误的打×，正确的打√）

（　　）1. 当退出 UG NX 时，用户界面的布置、大小、设置都将被保存。
（　　）2. 鼠标中键（滚轮）的用途只是确认选择的对象。
（　　）3. 同时按住鼠标中键和左键拖动可以放大或缩小对象。
（　　）4. 同时按住鼠标中键和右键拖动可以平移对象。

四、问答题

1. UG NX 中主要有哪些应用模块？各自的功能是什么？
2. 常用的 CAD 软件数据交换格式有哪些？如何操作？

项目 2　草 图 绘 制

草图是 UG 建模中建立参数化模型的一个重要工具。草图是指在某个指定平面上由点、线（直线或曲线）等元素绘制的二维图形的集合或总称。草图中的所有图形元素都可以进行参数化控制。草图建模是高端 CAD 软件的又一重要建模方法，适用于创建截面复杂的实体或曲面模型。

【能力目标】

1. 掌握草图绘制的方法与步骤。
2. 熟练掌握草图工具的各种命令或直接草图中的各种命令的应用，掌握典型草图实例绘制的技巧。

【知识目标】

1. 草图首选项的设置。
2. 草图任务环境的进入。
3. 草图曲线创建、编辑。
4. 草图的约束。

【素养目标】

1. 培养学生踏实肯干、锲而不舍、认真细致的工匠精神，与人沟通的基本能力，爱岗敬业、积极进取的品质。
2. 培养学生分析问题、解决问题的能力。

2.1　草图绘制基础知识

2.1.1　草图绘制的方法与步骤

1. 新建一个模型文件

在"标准"工具栏中，单击"新建"图标，系统弹出"新建"文件对话框，如图 2-1 所示。"单位"选"毫米"，"名称"选"模型"，注意选择存储路径的文件夹和文件名。然后单击"确定"按钮，进入一个新的文件。

2. 草图首选项设置

主菜单选择"首选项"→"草图"选

图 2-1　"新建"文件对话框

项，弹出"草图首选项"对话框，如图 2-2 所示。主要选项含义介绍如下。

（1）"草图设置"选项卡　主要用于草图尺寸标注的形式、文本高度，是否连续自动创建尺寸和约束等。如图 2-2a 所示。

图 2-2　"草图首选项"对话框

1）尺寸标签。确定尺寸表示方式。选择"值"选项时，所标注的尺寸将仅显示测量值。

2）屏幕上固定文本高度。选中此项，可在下面的"文本高度"文本框中输入文本高度。

3）创建自动判断约束。选择该复选框，在绘制草图时，系统将自动判断约束。不选中该复选框，在绘制草图时，系统不自动判断约束。

4）连续自动标注尺寸。选择该复选框，在绘制草图时，系统将自动连续标注尺寸。不选中该复选框，在绘制草图时，系统不自动连续标注尺寸。

5）显示对象颜色。选择该复选框，在绘制草图时，系统将显示对象颜色。不选中该复选框，在绘制草图时，系统不显示对象颜色。

（2）"会话设置"选项卡　主要用于控制视图方位、捕捉误差范围等，如图 2-2b 所示。

1）捕捉角。用来控制捕捉误差允许的角度范围。

2）更改视图方向。选择该复选框，在完成草图绘制切换到建模环境后，视图方向也将发生改变；不选中该复选框，则切换环境后视图方向不变。

3）背景。设置背景色的显示方法。

4）"名称前缀"选项组。通过对该选项组中各文本框内容的修改，可以改变各草图元素名称的前缀。

（3）"部件设置"选项卡　在选项卡中单击各类元素后的颜色块，将打开"颜色"对话框。可以对各种元素颜色进行设置，单击"继承自用户默认设置"按钮，将恢复系统默认的颜色，以便选择新的颜色，如图 2-2c 所示。

3. 进入草图任务环境

方法一：选择主菜单"插入"→"任务环境中的草图"命令，系统弹出"创建草图"对话框，如图 2-3 所示。可以选择坐标平面、实体上的平面，也可以创建基准平面。确定草图绘制平面（可以是默认的 XY 面），单击对话框中"确定"按钮，就进入草图任务环境。

方法二：单击如图 2-4 所示"直接草图"工具栏中"直接草图"图标按钮，系统弹出"创建草图"对话框，如图 2-3 所示。可以选择坐标平面、实体上的平面，也可以创建基准平面。确定草图绘制平面（可以是默认的 XY 面），单击对话框中"确定"按钮，可以在建模环境中利用"直接草图"工具栏中的命令绘制草图（如果再单击"直接草图"工具栏中草图图标按钮，则又进入草图任务环境，可在草图环境下绘制草图）。

图 2-3 "创建草图"对话框

图 2-4 "直接草图"工具栏

4．绘制草图

1）进入草图环境后，利用"草图工具"工具栏中的绘制草图的各种命令进行草图绘制。如图 2-5 所示。

2）也可以在建模环境，利用"直接草图"工具栏中绘制草图的各种命令进行草图绘制。如图 2-6 所示。

图 2-5 "草图工具"工具栏

图 2-6 "直接草图"工具栏

5．退出草图

1）草图绘制完成后，单击"草图工具"工具栏中的"完成草图"图标按钮，或在绘图区空白处单击鼠标右键，在快捷菜单中，选择"完成草图"，系统退出草图，回到建模环境。单击"标准"工具栏图标按钮■，保存该草图，或选择主菜单"文件"→"另存为"命令，将草图保存在规定的文件夹下。

2）如果是在建模环境下绘制草图，完成后单击"直接草图"工具栏中"完成草图"图标按钮■（图 2-7），系统也可退出草图，回到建模环境，利用草图进行实体或片体造型。单击"标准"工具栏图标按钮■，保存该草图，或选择主菜单"文件"→"另存为"命令，将草图保存在规定的文件夹下。

6．草图修改

当草图绘制完毕后，并且已经单击"完成草图"图标按钮■，发现草图有问题（绘制错误或约束没有到位）需要修改，就必须重新进

图 2-7 "直接草图"工具栏

入需要修改的那个草图任务环境。其方法是：在部件导航器中，找到需要编辑的草图，双击该草图，此时就进入直接草图状态，再单击"直接草图"工具栏中的图标按钮■，即打开环境任务中的草图并进入了该草图任务环境，可重新修改草图，进行必要的尺寸或几何约束。然后再单击"完成草图"图标按钮■，就完成了草图的修改。

2.1.2 草图绘制的工作平面

草图绘制的工作平面是草图依赖的绘制环境，要绘制草图首先要选择平面（或创建草图平面），同一草图元素必须在同一平面内完成。在 UG NX 中，创建草图工作平面的方法主要有以下两种：在平面上和基于路径，如图 2-8 所示。下面分别叙述创建草图工作平面的两种方法。

1．在平面上

以平面为基础来创建所需的草图工作平面。在"平面方法"下拉列表中，提供了以下 3 种指定草图工作平面的方式。如图 2-9 所示。

图 2-8 创建草图工作平面对话框

图 2-9 创建草图工作平面对话框（在平面上）

（1）现有平面　指定坐标系中的基准面作为草图平面，或选择三维实体中的任意一个面作为草图平面。

1）在"创建草图"对话框中，选择"平面方法"下拉列表中的"现有平面"选项。

2）在绘图区选择一个已有平面（如 XY 坐标平面），以此来作为草绘的工作平面，如图 2-10a 所示。单击"确定"按钮，进入选择的 XY 平面的草图工作平面，如图 2-10b 所示。然后就可以在此平面绘制草图了。

图 2-10　创建草图工作平面对话框（现有平面）

（2）创建平面　借助现有平面、实体及线段等元素为参照，创建一个新的平面，然后用此平面作为草图平面。

1）在"平面方法"下拉列表中选择"创建平面"选项。如图 2-11a 所示。
2）单击"平面工具"图标按钮，打开"平面"对话框。如图 2-11b 所示。
3）选择所需参考平面，并在"平面"对话框中输入相应参数，创建出所需平面。
4）单击"确定"按钮，返回"创建草图"对话框，选择此平面作为草绘平面，如图 2-11c 所示。

图 2-11　创建草图工作平面对话框（创建平面）

（3）创建基准坐标系　首先，创建一个新的坐标系，然后，通过选择新坐标系中的基准面来作为草绘工作平面。

1）在"平面方法"下拉列表中选择"创建基准坐标系"选项。如图 2-12a 所示。
2）单击"创建基准坐标系"图标按钮，打开"基准 CSYS"对话框。如图 2-12b 所示。
3）建立新的坐标系，单击"确定"按钮返回"创建草图"对话框。
4）选择新建坐标系下的某个坐标平面作为草图绘制平面即可。

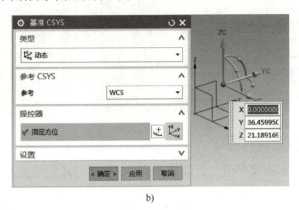

图 2-12　创建草图工作平面对话框（创建坐标系）

2. 基于路径

以已有直线、圆、实体边线、圆弧等曲线为基础，选择与曲线轨迹垂直、平行等各种不同关系形成的平面为草图平面。

（1）在"创建草图"对话框的"草图类型"下拉列表中选择"基于路径"选项。如图 2-13a 所示。
（2）选择路径（即曲线轨迹），在"创建草图"对话框中设置平面位置、平面方位等参数，如图 2-13b 所示。
（3）单击"确定"按钮，完成草图基准面的创建。

图 2-13　创建草图工作平面对话框（基于路径）

2.2 任务1 垫板零件草图的绘制

【教学目的】1. 掌握直线、矩形、圆草图创建命令的应用与操作方法。
2. 掌握圆角、倒斜角、制作拐角、派生直线、曲线偏置、阵列曲线、快速修剪、快速延伸草图编辑命令的应用与操作方法。
3. 掌握各种尺寸约束和几何约束命令的应用与操作方法。

【教学重点】综合运用各种命令绘制垫板零件的二维草图。
【教学难点】掌握垫板零件的草图绘制的技巧。

垫板草图如图2-14所示。通过该实例的草图绘制主要掌握的命令有：直线、矩形、圆、圆角、阵列曲线、快速修剪、尺寸约束和几何约束。

图2-14 垫板草图

2.2.1 知识链接

1. 草图的绘制与编辑

（1）直线的草图绘制 在"草图工具"工具栏中单击图标按钮 ，打开"直线"对话框。可以指定直线起点和终点参数，如图2-15所示。

（2）矩形的草图的绘制 在"草图工具"工具栏中单击图标按钮 ，打开"矩形"对话框。创建矩形主要有指定两点画矩形、指定三点画矩形和指定中心画矩形三种方法。

1）两点矩形：①单击"矩形"对话框中图标按钮 ；②依次指定矩形的两个对角点，或指定矩形的一个角点，然后输入矩形的长和宽，完成矩形绘制，如图2-16所示。

图2-15 直线绘制

2）三点矩形：①单击"矩形"对话框中图标按钮 ；②依次指定矩形的三个对角点，或指定矩形的一个角点，然后输入矩形的长、宽和倾斜角度，完成矩形绘制，如图2-17所示。

3）中心矩形：①单击"矩形"对话框中图标按钮 ；②指定矩形的中心点，然后输入矩形的长、宽和倾斜角度，完成矩形绘制，如图2-18所示。

图 2-16　指定两点绘制矩形

图 2-17　指定三点绘制矩形

图 2-18　指定中心绘制矩形

（3）圆草图的绘制　在"草图工具"工具栏中单击图标按钮○，弹出"圆"对话框。创建圆轮廓主要有指定圆心及直径和指定三点两种方法。

1）圆心和直径定圆：①单击"圆"对话框中的图标按钮⊙，在绘图区指定圆心；②输入直径数值，完成绘制圆操作，如图 2-19 所示。

2）三点定圆：单击图标按钮○，依次拾取圆上的 3 个点，也可以拾取 2 个点，输入直径数值，完成绘制圆操作。如图 2-20 所示。

图 2-19　圆心和直径定圆　　　　　　　　　图 2-20　三点定圆

（4）圆角过渡的草图的编辑　利用"圆角"命令，可以在两条或三条曲线之间倒圆角，包括修剪倒圆角、不修剪倒圆角和删除第三条曲线倒圆角三种方法。如图 2-21 所示。

1）修剪倒圆角。

① 单击"圆角"图标按钮┐，弹出"圆角"对话框。

② 单击"圆角"对话框中按钮，依次选取要倒圆角的两条曲线，在文本框中输入半径值，按〈Enter〉键，完成倒圆角操作，得到如图 2-21a 所示结果。

2）不修剪倒圆角。

① 单击"圆角"图标按钮，弹出"圆角"对话框。

② 单击"圆角"对话框中按钮，依次选取要倒圆角的两条曲线，在文本框中输入半径值，按〈Enter〉键，完成倒圆角操作，得到如图 2-21b 所示结果。

3）删除第三条曲线。此方法可以选择 3 条曲线进行倒圆角，其中第三条曲线为圆角的切线并会被删除。

① 单击"圆角"图标按钮，弹出"圆角"对话框。

② 单击"删除第三条曲线"按钮，依次 1、2、3 选取需要形成圆角的三条曲线，完成倒圆角操作，得到如图 2-21c 所示结果。

图 2-21 圆角过渡

（5）倒斜角草图编辑 利用"倒斜角"命令，可以在两条曲线之间倒斜角，包括对称倒斜角、非对称倒斜角、偏置和角度倒斜角三种方法。如图 2-22 所示。

1）对称倒斜角。

① 单击"倒斜角"图标按钮，弹出"倒斜角"对话框。

② 在"倒斜角"对话框中的"偏置"选项组"倒斜角"下拉列表中选择"对称","距离"文本框输入具体数值，按〈Enter〉键，依次选取要倒斜角的两条曲线 1、2，完成倒斜角操作，得到如图 2-22a 所示结果。

2）非对称倒斜角。

① 单击"倒斜角"图标按钮，弹出"倒斜角"对话框。

② 在"倒斜角"对话框中的"偏置"选项组"倒斜角"下拉列表中选择"非对称","距离 1"文本框输入具体数值，然后选中其前面的复选框锁定距离，"距离 2"文本框输入具体数值，然后选中其前面的复选框锁定距离，依次选取要倒斜角的两条曲线 1、2，完成倒斜角操作，得到如图 2-22b 所示结果。

3）偏置和角度倒斜角。

① 单击"倒斜角"图标按钮，弹出"倒斜角"对话框。

② 在"倒斜角"对话框中的"偏置"选项组"倒斜角"下拉列表中选择"偏置和角度","距离"文本框输入具体数值，然后选中其前面的复选框锁定距离，"角度"文本框输入具体数

值，然后选中其前面的复选框锁定角度，依次选取要倒斜角的两条曲线，完成倒斜角操作，得到如图 2-22c 所示结果。

图 2-22 倒斜角

（6）制作拐角草图编辑 利用"制作拐角"命令，可以将两条曲线之间尖角连接。长的部分自动裁掉，短的部分自动延伸。

1）单击"制作拐角"图标按钮，弹出"制作拐角"对话框。依次选取要制作拐角的两条曲线 1、2，完成 1、2 两条曲线制作拐角操作，再依次选择 2、3，完成 2、3 两条曲线制作拐角操作，得到如图 2-23 所示结果。

图 2-23 制作拐角

（7）快速修剪草图编辑 "快速修剪"命令，可以以任一方向将曲线修剪至最近的交点或选定的边界。主要有单独修剪、统一修剪和边界修剪三种修剪方法。如图 2-24 所示。

1）单独修剪。

① 单击图标按钮，弹出"快速修剪"对话框。

② 依次选取要修剪的曲线 1 和 2，系统将根据被修剪元素与其他元素的分段关系自动完成修剪操作，得到如图 2-24a 所示结果。

2）统一修剪。统一修剪可以绘制出一条曲线链，然后将与曲线链相交的曲线部分全部修剪。

① 单击图标按钮，弹出"快速修剪"对话框。

② 按住鼠标左键不放，拖过需要修剪的曲线元素，系统将自动把被拖过的曲线修剪到最近的交点，得到如图2-24b所示结果。

3）边界修剪。边界修剪可以选取任意曲线为边界曲线，被修剪对象在边界内的部分将被修剪，而边界以外的部分不会被修剪。

① 单击图标按钮 ，打开"快速修剪"对话框。

② 单击"边界曲线"选项组中按钮 ，依次拾取边界。

③ 单击"要修剪的曲线"选项组中按钮 ，选取需要修剪的对象，得到如图2-24c所示结果。

图2-24 快速修剪

（8）快速延伸草图编辑　将草图元素延伸到另一邻近曲线或选定的边界线处。"快速延伸"命令与"快速修剪"命令的使用方法相似，主要有单独延伸、统一延伸和边界延伸三种方法。如图2-25所示。

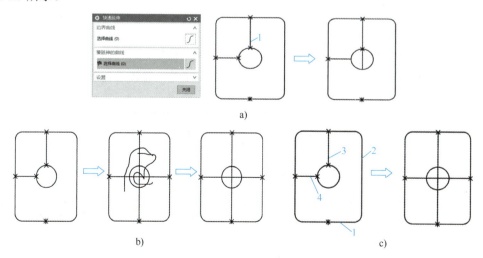

图2-25 快速延伸

1）单独延伸。

① 单击图标按钮 ，弹出"快速延伸"对话框。

② 直接拾取要延伸的曲线1元素，系统将根据需要延伸的元素与其他元素的距离关系自动判断延伸方向，并完成延伸操作，得到如图 2-25a 所示结果。

2）统一延伸。通过曲线链的方式同时延伸多条曲线。

① 单击图标按钮 ⋎，打开"快速延伸"对话框。

② 按住鼠标左键拖过需要延伸的曲线，即可完成延伸操作，得到如图 2-25b 所示结果。

3）边界延伸。指定延伸边界后，被延伸元素将延伸到边界处。

① 单击图标按钮 ⋎，打开"快速延伸"对话框。

② 单击"边界曲线"选项组中的按钮 ∫，依次拾取边界 1、2。

③ 单击"要延伸的曲线"选项组中按钮 ∫，选取需要延伸的对象 3、4，即可完成延伸操作，得到如图 2-25c 所示结果。

（9）派生直线　派生直线有三个用途：①创建某一直线的平行线；②创建某两条平行直线的平行且平分线；③创建某两条不平行直线的角平分线。如图 2-26 所示。

1）用于创建某一直线的平行线。单击"草图工具"工具栏中的"派生直线"图标按钮 ⊿，选择直线后拖动或输入偏置数值，按〈Enter〉键，得到如图 2-26a 所示结果（可以连续作多条距离不同的平行线）。

2）用于创建某两条平行直线的平行且平分线。单击"草图工具"工具栏中的"派生直线"图标按钮 ⊿，依次选择两条平行直线后拖动或输入长度数值，按〈Enter〉键，得到如图 2-26b 所示结果。

3）用于创建某两条不平行直线的角平分线。单击"草图工具"工具栏中的"派生直线"图标按钮 ⊿，依次单击两条直线后拖动或输入长度数值，按〈Enter〉键，得到如图 2-26c 所示结果。

图 2-26　派生直线

（10）偏置曲线　偏置曲线是指对草图平面内的曲线或曲线链进行偏置，并对偏置生成的曲线与原曲线进行约束。偏置曲线与原曲线具有关联性，即对原曲线进行的编辑修改，所偏置的曲线也会自动更新。

1）单击"草图工具"工具栏中图标按钮 ⌒，弹出"偏置曲线"对话框。

2）选择需偏置的曲线，系统会自动预览偏置结果；如有必要，单击"偏置曲线"对话框中的反向按钮 ⤫，可以使偏置方向反向。

3）在"偏置曲线"对话框的"偏置"选项组"距离"文本框中输入偏置距离或拖动图 2-27 中所示的箭头，单击对话框中"应用"或"确定"按钮，得到如图 2-27 所示结果（在"偏置曲线"对话框的"偏置"选项组"副本数"文本框中输入不同的数字，可以同时偏置多条曲线）。

（11）阵列曲线　阵列曲线是指将草图几何对象以某一规律复制出多个新的草图对象。阵列的对象与原对象形成一个整体，当草图自动创建尺寸、自动判断约束时，对象与原对象保持相关性。阵列曲线的布局形式主要有三种：线性阵列、圆形阵列、常规阵列。如图 2-28 所示。

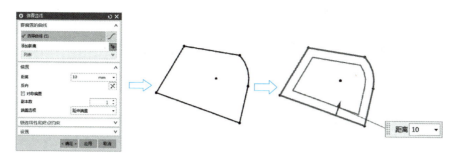

图 2-27　曲线偏置

1）线性阵列。

① 单击"草图工具"工具栏中图标按钮，弹出"阵列曲线"对话框。

② 在"阵列曲线"对话框"阵列定义"选项组的"布局"下拉列表中选择"线性"。

③ 选择需阵列的曲线。

④ 在"方向 1"选项组中，单击 X 坐标轴（或直线），"数量"和"节距"文本框输入相应的值。在"方向 2"选项组中，单击 Y 坐标轴（或直线），"数量"和"节距"文本框输入相应的值。

⑤ 单击"应用"或"确定"按钮，完成线性阵列，如图 2-29 所示。

图 2-28　"阵列曲线"对话框

图 2-29　线性阵列

2）圆形阵列。

① 单击"草图工具"工具栏中图标按钮，弹出"阵列曲线"对话框。

② 在"阵列曲线"对话框"阵列定义"选项组的"布局"下拉列表中选择"圆形"。

③ 选择需阵列的曲线。

④ 指定旋转点。

⑤ 在"角度方向"选项组中，"数量"和"节距"文本框输入相应的值。

⑥ 单击"应用"或"确定"按钮，完成圆形阵列，如图 2-30 所示。

3）常规阵列。

① 先利用"草图工具"工具栏中的画圆和画点命令画一个圆和若干点。

图 2-30　圆形阵列

② 单击"草图工具"工具栏中图标按钮，弹出"阵列曲线"对话框。
③ 在"阵列曲线"对话框"阵列定义"选项组的"布局"下拉列表中选择"常规"。
④ 选择需阵列的曲线（小圆）。
⑤ 指定阵列的基准点（小圆的圆心）。
⑥ 阵列的位置点，依次选取事先画好的各点。
⑦ 单击"应用"或"确定"按钮，完成线性阵列，如图 2-31 所示。

图 2-31　常规阵列

2．草图的约束

草图约束是指通过设置约束方式，来限制草绘曲线在工作平面内的准确位置、方位、形状及大小，从而保障草绘曲线的准确性。利用"草图约束"工具命令可以对草图元素进行几何形状或基本尺寸的精确定位。可进行设置和约束、显示/不显示草图中的几何约束、显示/移除几何约束、转换/自参考对象操作。

（1）尺寸约束　草图的尺寸约束效果相当于对草图进行标注，但是除了可以根据草图的尺寸约束看出草图元素的长度、半径、角度以外，还可以利用草图各点处的尺寸约束对草图元素的大小、形状进行限制或约束。

单击"草图工具"工具栏图标按钮，弹出"快速尺寸"对话框，打开"测量"选项组中

"方法"下拉列表，如图 2-32 所示。

1）尺寸约束类型。在"快速尺寸"对话框中提供了 9 种约束类型。当需要对草图对象进行尺寸约束时，直接单击所需尺寸类型按钮，即可进行相应的尺寸约束操作。对话框中的各种约束类型及作用介绍如下。

① 自动判断。根据鼠标指针的位置自动判断尺寸约束类型（该功能用得最多）。

② 水平。约束 XC 方向数值。

③ 竖直。约束 YC 方向数值。

④ 点到点。约束两点之间的距离。

⑤ 垂直。约束点与直线之间的距离。

⑥ 圆柱坐标系。约束草图曲线元素的总长。

⑦ 斜角。约束两条直线的夹角度数。

⑧ 径向。约束圆或圆弧的半径。

⑨ 直径。约束圆或圆弧的直径。

图 2-32 "快速尺寸"对话框

2）尺寸表达式设置区。该区的列表框中列出了当前草图约束的表达式。利用列表框下的文本框或滑块可以对尺寸表达式中的参数进行设置，另外，还可以单击按钮 ✖，将列表框中表达式和草图中的约束删除。

3）尺寸表达式引出线和放置位置。用于设置尺寸标注的放置方法和引出线的放置位置。其中尺寸的标注包括自动放置、手动放置且箭头在内和手动放置且箭头在外三种方法。指引线位置包括从左侧指来和从右侧指来两种。另外还可以通过选择文本框下的复选框，以执行相应的操作。

（2）几何约束

1）几何约束类型。在"草图工具"工具栏中单击图标按钮 ，选取绘图区需创建几何约束的对象后，即可进行有关的几何约束操作。

几何约束用于定位草图对象和确定草图对象之间的相互几何关系。在 UG NX 中，系统提供了 20 种类型的几何约束。根据不同的草图对象，可添加不同的几何约束类型。几何约束的主要类型如下。

① 固定。将草图对象固定到当前所在的位置。一般在几何约束的开始，需要利用该约束固定一个元素作为整个草图的参考点。

② 完全固定。添加该约束后，所选取的草图对象将不再需要任何约束。

③ 重合。定义两个或两个以上的点互相重合，这里的点可以是草图中的点对象，也可以是其他草图对象的关键点（端点、控制点、圆心等）。

④ 同心。定义两个或两个以上的圆弧或椭圆弧的圆心相互重合。

⑤ 共线。定义两条或多条直线共线。

⑥ 中点。定义点在直线或圆弧的中点上。

⑦ 水平。定义直线为水平直线，即与草图坐标系 XC 轴平行。

⑧ 竖直。定义直线为竖直线，即与草图坐标系 YC 轴平行。

⑨ 平行。定义两条曲线相互平行。

⑩ 垂直。定义两条曲线相互垂直。

⑪ ⌒ 相切。定义两个草图元素相切。

⑫ = 等长。定义两条或多条曲线等长。

⑬ ⌒ 等半径。定义两个或两个以上的圆弧或圆半径相等。

⑭ ↔ 定长。定义选取的曲线元素的长度是固定的。

⑮ ∠ 定角。定义一条或多条直线与坐标系的角度是固定的。

⑯ ⌒ 曲线的斜率。定义样条曲线过一点与一条曲线相切。

⑰ ✢ 均匀比例。定义样条曲线的两个端点在移动时，保持样条曲线的形状不变。

⑱ ↔ 非均匀比例。定义样条曲线的两个端点在移动时，样条曲线形状发生改变。

⑲ ↑ 点在曲线上。定义选取的点在某条曲线上，该点可以是草图的点对象或其他草图元素的关键点（如端点、圆心）。

⑳ ▥ 对称。定义对象间彼此成对称关系，该约束由"对称"命令产生。单击"草图工具"工具栏图标按钮▥，弹出"设为对称"对话框，"主对象"选圆 1，"次对象"选圆 2，"对称中心线"选直线 3，结果如图 2-33 所示。

图 2-33 "对称"约束

2）添加几何约束　几何约束的添加方法有两种：自动判断和手动施加。

① 自动约束。自动约束是指由系统对草图元素相互间的几何位置关系自动进行判断，并自动添加到草图对象上的约束方法。自动约束主要用于所需添加约束较多，并且已经确定位置关系的草图元素，或利用工具直接添加到草图中的几何元素。

a. 单击"草图工具"工具栏图标按钮 ，弹出"自动约束"对话框，如图 2-34 所示。

b. 选取要约束的草图对象，并在"要施加的约束"选项组中选中所需约束的复选框。

c. 在"设置"选项组中设置公差参数。

d. 单击"确定"按钮，完成自动约束操作。

② 手动约束。

a. 单击"草图工具"工具栏图标按钮 ，弹出"几何约束"对话框，如图 2-35 所示。

图 2-34 "自动约束"对话框

图 2-35 "几何约束"对话框

b. 选取要约束的草图对象，选取要约束到的对象。

c. 选择所需要的约束类型，完成手动约束操作。

3）显示所有约束。当草图中的约束过多时，单独观察一个或一部分约束往往不能清楚地发现草图中各元素间的整体约束关系。此时，可以利用"显示所有约束"命令对其进行观察。单击"显示所有约束"图标按钮，系统将同时显示草图所有约束，如图2-36所示。

4）显示/移除约束。利用"显示/移除约束"命令可以显示与选定草图几何图形关联的几何约束，并移除选定的约束或列出信息。在"草图工具"工具栏中单击图标按钮，弹出"显示/移除约束"对话框，如图2-37所示。

图2-36　显示所有约束　　　　　图2-37　"显示/移除约束"对话框

① 约束列表。利用三个单选按钮控制显示约束的对象类型。

② 约束类型。选择具体的约束类型显示。所有符合要求的约束将在"显示约束"列表框中显示出来。

③ 移除高亮显示的。选择一个或多个约束时，草图中相应的约束将高亮显示，单击该按钮，即可删除选定的约束。

④ 移除所列的。删除列表中所有的约束。

2.2.2　任务实施

1. 绘制垫板草图的思路

①创建矩形并约束矩形尺寸长240、宽160；②创建四个R25的圆角并约束一个圆角半径值，然后对四个圆角进行等半径几何约束；③创建左下角一个小圆并约束定位尺寸42和35，定形尺寸φ34；④对小圆进行线性阵列，水平方向数量4、节距52，竖直方向数量3、节距45；⑤创建直线（将象限点打开），分别捕捉中间两个小圆的上、下象限点画直线；⑥快速修剪，将中间两个小圆进行修剪。

2. 绘制垫板草图的操作步骤

（1）新建文件　在"标准"工具栏中，单击"新建"图标按钮，创建一个文件名为"垫板.prt"的文件。

(2)进入草图任务环境 在主菜单选择"插入"→"在任务环境中绘制草图"命令,系统弹出"创建草图"对话框,确定草图绘制平面(可以是默认的 XY 面),单击对话框中"确定"按钮,进入草图任务环境。

(3)绘制垫板草图

1)创建矩形并约束矩形尺寸长 240、宽 160。

① 单击"草图工具"工具栏中的图标按钮 □,用"给定的中心"方式创建矩形。

② 单击"草图工具"工具栏中的"尺寸约束"按钮,在弹出的对话框中单击"自动判断"图标按钮 ,约束矩形尺寸长 240、宽 160,如图 2-38 所示。

图 2-38 绘制矩形并约束尺寸

2)创建四个 R25 的圆角并约束一个圆角半径值,然后对四个圆角进行等半径几何约束。

① 单击"草图工具"工具栏中的圆角图标按钮 ,创建四个圆角。

② 单击"草图工具"工具栏中的"尺寸约束"按钮,在弹出的对话框中单击"径向"按钮 ,约束一个圆角半径 R25,如图 2-39 所示。

图 2-39 绘制圆角并约束半径 R25

3)单击"草图工具"工具栏中的图标按钮 ,单击四个圆角进行等半径几何约束,如图 2-40 所示。

图 2-40 四个圆角等半径几何约束

项目 2 草图绘制

4）创建左下角一个小圆并约束定位尺寸 42 和 35，定形尺寸φ34。

① 单击"草图工具"工具栏中的图标按钮〇，创建左下角一个小圆。

② 单击"草图工具"工具栏中的图标按钮，约束定位尺寸 42 和 35，定形尺寸φ34，如图 2-41 所示。

图 2-41 绘制小圆并约束尺寸

5）对小圆进行线性阵列，水平方向数量 4、节距 52，竖直方向数量 3、节距 45。

① 单击"草图工具"工具栏中的图标按钮，弹出"阵列曲线"对话框。

② "阵列对象"选小圆，"布局"选"线性"阵列，"方向 1"选矩形下水平线（根据箭头判断是否反向），数量为 4，节距为 52，"方向 2"选矩形左竖直线，数量为 3，节距为 45。

③ 单击"应用"或"确定"按钮，如图 2-42 所示。

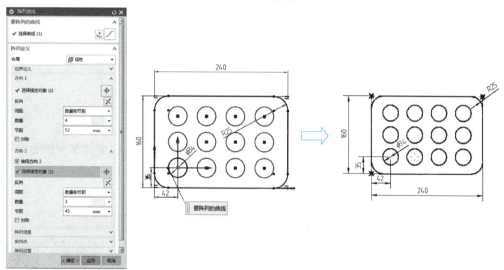

图 2-42 小圆线性阵列

6）创建直线。单击"草图工具"工具栏中的图标按钮（将象限点打开），分别捕捉中间两个小圆的上、下象限点画两条直线，如图 2-43 所示。

7）快速修剪。单击"草图工具"工具栏中的图标按钮，弹出"快速修剪"对话框，将中间两个小圆进行修剪，如图 2-44 所示。

8）最后通过几何约束和尺寸约束，使草图处于完全约束

图 2-43 绘制直线

状态。单击"草图工具"工具栏中的图标按钮 ▨，完成草图绘制，单击"标准"工具栏图标按钮 ▯，保存该草图，如图 2-45 所示。

图 2-44 快速修剪

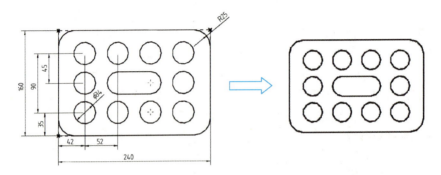

图 2-45 完成垫板草图绘制

2.2.3 拓展任务（机箱后盖草图绘制）

完成如图 2-46 所示机箱后盖草图的绘制，通过该实例的草图绘制主要掌握的命令有：矩形、圆、圆角、偏置曲线、直线、线性阵列、圆形阵列、尺寸约束和几何约束。

图 2-46 机箱后盖零件图

1. 绘制草图思路

①绘制外轮廓及 4 个小孔；②绘制 4 个扇形槽；③绘制 10 个长槽内孔。

2．绘制步骤（表 2-1）

表 2-1　机箱后盖草图绘制

步骤	绘制方法	绘制结果图例
1．绘制外轮廓及 4 个小孔	1）画矩形，并约束尺寸长 262，宽 112 2）倒圆角，并约束圆角半径 R6，几何约束等半径 3）画 4 个 $\phi 6$ 的小圆，并约束直径 $\phi 6$，与圆角同心，几何约束等半径	
2．绘制 4 个扇形槽	1）画大圆，并约束定位尺寸 60、56，定形尺寸 $\phi 90$ 2）画两条斜线，并约束角度 45°、90° 3）派生直线，距离为 3 4）快速修剪 5）偏置曲线，将圆弧偏置，距离设为 5，副本 7 个，并画 $\phi 10$ 的小圆 6）快速修剪 7）阵列曲线，将扇形圆弧槽圆形阵列，旋转点为 $\phi 10$ 圆的圆心，数量为 4，节距角为 90°	
3．绘制 10 个长槽内孔	1）先画右下角一个长槽，并约束尺寸 2）阵列曲线，将长槽线性阵列，水平方向数量设为 2，节距为 16，竖直方向数量设为 5，节距为 16 3）最后通过几何约束和尺寸约束，使草图处于完全约束状态	

2.2.4　实践任务

1．完成如图 2-47 所示卡板轮廓的二维草图绘制。
2．完成如图 2-48 所示旋轮轮廓的二维草图绘制。

图 2-47 卡板轮廓

图 2-47　卡板轮廓

图 2-48　旋轮轮廓

2.3　任务 2　凸凹模轮廓草图的绘制

【教学目的】1．掌握轮廓线、圆弧草图创建命令的应用与操作方法。
　　　　　　2．掌握曲线偏置、快速修剪、转换至参考线草图编辑命令的应用与操作方法。
　　　　　　3．掌握各种尺寸约束和几何约束命令的应用与操作方法。
【教学重点】综合运用各种命令绘制凸凹模轮廓的二维草图。
【教学难点】掌握凸凹模轮廓的草图绘制的技巧。

图 2-49 所示为凸凹模轮廓，通过该实例的草图绘制主要掌握的命令有：轮廓线、圆、圆弧、转换至/自参考对象、偏置曲线、快速修剪、转换至参考线、尺寸约束和几何约束。

图 2-49　凸凹模轮廓草图

2.3.1　知识链接

1．轮廓线草图的绘制

用于创建一系列连续的直线和圆弧，而且前一条曲线的终点将变为下一条曲线的起点。
在"草图工具"工具栏中单击图标按钮 ⌒，打开"轮廓"对话框。绘图过程中，可以在直线和圆弧之间切换，如图 2-50 所示。

2. 圆弧草图的绘制

在"草图工具"工具栏中单击图标按钮，打开"圆弧"对话框。同样，创建圆弧轮廓主要有指定圆弧中心与端点和指定三点两种方法。如图 2-51 所示。

图 2-50　轮廓线草图绘制

1）三点定圆弧。①在"圆弧"对话框中单击图标按钮；②依次拾取起点、终点和圆弧上一点，或拾取两个点和输入直径，完成圆弧的创建，如图 2-51a 所示。

2）指定中心和端点定圆弧。①单击"圆弧"对话框中图标按钮；②依次指定圆心、端点和扫掠角度，完成圆弧绘制，如图 2-51b 所示。

另外，还可以通过在文本框中输入半径数值来确定圆弧的大小。

图 2-51　圆弧草图绘制

3. 转换至/自参考对象

转换至/自参考对象是指将某个草图中的曲线转成参考线，草图转成参考线后，不参与实体特征造型。

1）在"草图工具"工具栏中，单击图标按钮，弹出"转换至/自参考对象"对话框。

2）选择直线。

3）单击"应用"或"确定"按钮，直线被转成参考线，得到如图 2-52 所示的结果。

图 2-52　转换至参考线

2.3.2　任务实施

1. 绘制垫板草图的思路

①绘制外轮廓；②绘制圆弧槽；③绘制 S 形弧槽；④将 R23 的圆弧转至参考线。

2. 绘制凸凹模轮廓草图的操作步骤

（1）新建文件　在"标准"工具栏中，单击"新建"图标按钮，创建一个文件名为"凸凹模轮廓.prt"的文件。

（2）进入草图任务环境　在主菜单选择"插入"→"在任务环境中绘制草图"命令，系统弹出"创建草图"对话框，确定草图绘制平面（可以是默认的 XY 面），单击对话框中"确定"按钮，就进入草图任务环境。

（3）绘制垫板草图

1）创建外轮廓（图 2-53）。

① 单击"草图工具"工具栏中的图标按钮，通过直线与圆弧的转换创建外轮廓，并约束尺寸 77、80；几何约束圆弧与直线相切。如图 2-53a 所示。

② 创建两个 R10 的圆并约束直径值ϕ20 及约束定位尺寸 18。如图 2-53b 所示。

③ 快速修剪。得到如图 2-53c 所示结果。

图 2-53　垫板外轮廓

2）绘制圆弧槽。

① 单击"草图工具"工具栏中的图标按钮，利用"指定圆弧中心与端点"方法创建 R23 画弧，并约束圆弧定位尺寸 25 和 18，定形尺寸 R23。得到如图 2-54 所示结果。

图 2-54　创建 R23 圆弧

② 单击"草图工具"工具栏中的图标按钮，选 R23 圆弧进行对称偏置，"距离"设为 5.5，得到如图 2-55 所示结果。

③ 通过画圆弧命令，画弧形槽两端的圆弧（利用"指定圆弧中心与端点"方法画弧），形成圆弧槽。得到如图 2-56 所示结果。

3）绘制 S 形弧槽。

① 通过画圆弧命令，画 R10 和 R18 的圆弧（利用"指定圆弧中心与端点"方法画弧），并约束圆弧定位尺寸 26 和 28，定形尺寸 R10 和 R18。得到如图 2-57 所示结果。

图 2-55 对称偏置

图 2-56 绘制小圆弧　　　　　　　　图 2-57 绘制 S 形弧

② 单击"草图工具"工具栏中的图标按钮 ，选 R10 和 R18 圆弧进行偏置,"距离"设为 8,并利用"直线"命令将 S 形弧槽两端封闭。得到如图 2-58 所示结果。

图 2-58 绘制 S 形弧槽

4)将 R23 的圆弧转至参考线。单击"草图工具"工具栏中的图标按钮 ，弹出"转换至/自参考对象"对话框,选择 R23 圆弧,单击对话框的"确定"按钮,如图 2-59 所示。

5)最后通过几何约束和尺寸约束,使草图处于完全约束状态。单击"草图工具"工具栏中图标按钮 ,完成凸凹模草图轮廓绘制。单击"标准"工具栏图标按钮 ,保存该草图如图 2-60 所示。

2.3.3 拓展任务(垫片轮廓草图绘制)

完成如图 2-61 所示的垫片轮廓草图的绘制。通过该实例的草图绘制主要掌握的命令有:轮廓线、圆弧、偏置曲线、转换至/自参考对象、尺寸约束和几何约束。

图 2-59　将 R23 的圆弧转至参考线

图 2-60　凸凹模草图轮廓

图 2-61　垫片轮廓

图 2-61　垫片轮廓草图

1．绘制草图思路

①绘制外轮廓；②绘制圆；③绘制斜槽。

2．绘制步骤（表 2-2）

表 2-2　垫片草图绘制步骤

步骤	绘制方法	绘制结果图例
1．绘制外轮廓	1）单击"草图工具"工具栏中的图标按钮，通过直线与圆弧的转换创建外轮廓 2）约束尺寸 80、60、50、45°，几何约束直线水平、竖直和圆弧与直线相切	
2．画小圆	1）画小圆 2）约束直径φ15，几何约束与外圆弧同心	

（续）

步骤	绘制方法	绘制结果图例
3．绘制斜长槽	1）绘制槽中间斜线，并约束尺寸长20，角度45° 2）偏置曲线：将中间斜线对称偏置3.75 3）画圆弧，用"指定圆弧中心与端点"方法画圆弧，将斜槽两端封闭 4）将斜槽中间斜线转成参考线 5）最后通过几何约束和尺寸约束，使草图处于完全约束状态	

2.3.4 实践任务

完成如图 2-62、图 2-63 所示零件的二维草图绘制。

图 2-62　样板轮廓

图 2-63　吊钩轮廓

2.4　任务3　纺锤形垫片草图的绘制

【教学目的】1．掌握直线、圆弧、圆、椭圆、多边形草图创建命令的应用与操作方法。
2．掌握制作拐角、快速修剪、快速延伸草图编辑命令的应用与操作方法。
3．掌握各种尺寸约束和几何约束命令的应用与操作方法。

【教学重点】综合运用各种命令绘制纺锤形垫片的二维草图。
【教学难点】掌握纺锤形垫片的草图绘制的技巧。

图 2-64 所示为纺锤形垫片草图，通过该实例的草图绘制主要掌握的命令有：直线、圆、圆弧、圆角、椭圆、尺寸约束和几何约束。

图 2-64 纺锤形垫片轮廓

图 2-64 纺锤形垫片轮廓草图

2.4.1 知识链接

1. 多边形的草图绘制

在"草图工具"工具栏中单击图标按钮⊙，打开"多边形"对话框。创建多边形主要有"指定中心点、边数、内切圆半径和旋转角度""指定中心点、边数、外接圆半径和旋转角度"和"指定中心点、边数、边长和旋转角度"三种方法。以正六边形为例介绍创建多边形的方法。如图 2-65 所示。

1）内切圆半径。①指定多边形的中心点位置；②输入多边形边数；③"大小"选择"内切圆半径"，然后输入内切圆半径的值及多边形的旋转角度，或输入多边形边的中点坐标，按〈Enter〉键完成内切圆半径多边形的绘制，如图 2-65a 所示。

2）外接圆半径。①指定多边形的中心点位置；②输入多边形边数；③"大小"选择"外接圆半径"，然后输入外接圆半径的值及多边形的旋转角度，或输入多边形的角点坐标，按〈Enter〉键完成外接圆半径多边形的绘制，如图 2-65b 所示。

3）给定边长。①指定多边形的中心点位置；②输入多边形边数；③"大小"选择"边长"，然后输入边长的值及多边形的旋转角度，或输入多边形的角点坐标，按〈Enter〉键完成给定边长多边形的绘制，如图 2-65c 所示。

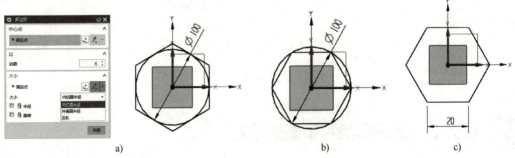

图 2-65 创建多边形

2. 椭圆和椭圆弧的草图绘制

（1）椭圆　在"草图工具"工具栏中单击图标按钮⊙，打开"椭圆"对话框。可以指定椭圆中心点、椭圆的大半径、椭圆的小半径和椭圆的旋转角度,"限制"选项组选中"封闭"复选框。按〈Enter〉键完成椭圆的绘制,如图 2-66 所示。

(2)椭圆弧　在"草图工具"工具栏中单击图标按钮,打开"椭圆"对话框。可以指定椭圆中心点、椭圆的大半径、椭圆的小半径和椭圆的旋转角度,"限制"选项组取消"封闭"选项,输入椭圆的起始角和终止角。按〈Enter〉键完成椭圆弧的绘制,如图 2-67 所示。

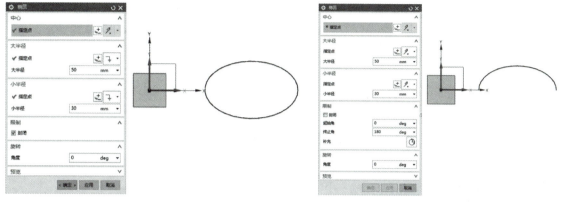

图 2-66　创建椭圆　　　　　　　　　　　图 2-67　创建椭圆弧

3. 镜像曲线

镜像曲线是指将草图几何对象以指定的一条直线为对称中心线,镜像复制成新的草图对象。镜像的对象与原对象形成一个整体,并且保持相关性。

1)单击"草图工具"工具栏中图标按钮,弹出"镜像曲线"对话框。
2)先选择镜像中心线,再选择要镜像的草图对象。
3)单击"应用"或"确定"按钮,完成镜像复制,如图 2-68 所示。

 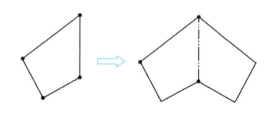

图 2-68　镜像曲线

4. 添加现有曲线

用于将已有的不属于草图对象的点或曲线,添加到当前的草图平面中。由没有参数的要素转变为有参数的要素。

1)在建模环境中通过"曲线"工具栏中"矩形"命令画一个矩形。
2)进入草图环境,在"草图工具"工具栏中单击图标按钮,弹出"添加曲线"对话框,窗选矩形,单击"确定"按钮。得到如图 2-69 所示带参数的矩形。

5. 投影曲线

投影曲线是指将能够抽取的对象(关联和非关联曲线、点或捕捉点,包括直线的端点以及圆弧和圆的中心)沿垂直于草图平面的方向投影到草图平面上。选择要投影的曲线或点,系统将曲线从选定的曲线、面或边上投影到草图平面或实体曲面上，成为当前草图对象。

图 2-69　添加现有曲线

1）在"草图工具"工具栏中，单击图标按钮，弹出"投影曲线"对话框。

2）选择圆柱和五棱柱的实体边界线。

3）单击"应用"或"确定"按钮。在草图平面得到如图 2-70 所示的草图。

图 2-70　投影曲线

2.4.2　任务实施

1. 绘制纺锤形垫片草图的思路

①创建外轮廓及ϕ12 圆孔；②绘制椭圆。

2. 绘制纺锤形垫片的草图的操作步骤

（1）新建文件　在"标准"工具栏中，单击"新建"图标按钮，创建一个文件名为"纺锤形垫片.prt"的文件。

（2）进入草图任务环境　在主菜单选择"插入"→"在任务环境中绘制草图"命令，系统弹出"创建草图"对话框，确定草图绘制平面（可以是默认的 XY 面），单击对话框中"确定"按钮，就进入草图任务环境。

（3）绘制纺锤形垫片草图的操作步骤

1）创建外轮廓及ϕ12 圆孔（图 2-71）。

① 画直线并约束水平，约束长度 40，在水平直线的两个端点分别画圆，并约束尺寸ϕ12、ϕ24、ϕ40。在ϕ40 圆的左象限点画圆并约束尺寸ϕ15，如图 2-71a 所示。

② 画两条直线和过渡弧，分别约束与圆相切，过渡弧约束半径 R10，如图 2-71b 所示。

③ 快速修剪，采用边界修剪方法，以两条直线和过渡弧为边界，把内部的圆弧裁掉，如图 2-71c 所示。

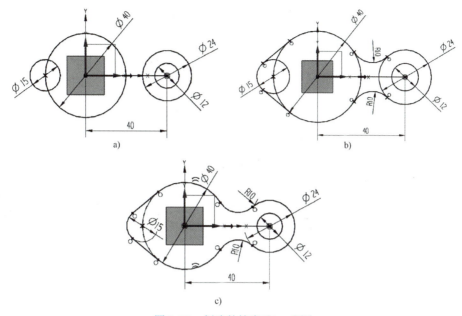

图 2-71 创建外轮廓及 φ12 圆孔

2）绘制椭圆。单击"草图工具"工具栏中的图标按钮 ⊕，弹出"椭圆"对话框。椭圆中心点选 φ40 圆的圆心点，"大半径"为 4，"小半径"为 10，"起始角"为 0，"终止角"为 360，单击"确定"按钮，结果如图 2-72 所示，完成草图绘制。

图 2-72 绘制椭圆

3）将水平直线转至参考线，如图 2-73 所示。

4）通过几何约束和尺寸约束，使草图处于完全约束状态。单击"草图工具"工具栏中图标按钮 ▨，完成纺锤形垫片草图绘制。单击"标准"工具栏图标按钮 ▨，保存该草图，结果如图 2-74 所示。

图 2-73 水平直线转至参考线

图 2-74 纺锤形垫片轮廓

2.4.3 拓展任务（卡板轮廓草图绘制）

完成如图 2-75 所示的卡板轮廓草图的绘制。通过该实例的草图绘制主要掌握的命令有：轮廓线、圆、多边形、直线、圆角、线性阵列、尺寸约束和几何约束。

图 2-75 卡板轮廓草图

1. 绘制草图思路

①绘制外轮廓（圆及直线）；②绘制多边形；③绘制 6 个内孔。

2. 绘制步骤（表 2-3）

表 2-3 卡板轮廓草图绘制步骤

步骤	绘制方法	绘制结果图例
1．绘制外轮廓	1）首先画水平线并约束尺寸 30，然后以直线的右端点为圆心画两个同心圆并约束尺寸ϕ24、ϕ80 2）通过"轮廓线"命令画直线，并约束尺寸 85、50、25 3）快速修剪，并圆角 R15、R8，做对称编辑	
2．绘制正六边形	1）单击"草图工具"工具栏中的图标按钮⌬，弹出"多边形"对话框 2）在"多边形"对话框中，中心点：选择长 30 水平线的左端点，边数输入"6"，"大小"下拉列表中选"外接圆半径"，半径输入 8，旋转角输入 90。按〈Enter〉键	
3．绘制 6 个ϕ8 的孔	1）在轮廓内左下角画小圆，并约束水平和竖直定位尺寸 10，定形尺寸ϕ8 2）对ϕ8 小圆进行线性阵列，水平方向数量为 2，节距为 20，竖直方向数量为 3，节距为 15	

(续)

步骤	绘制方法	绘制结果图例
4．将水平直线转至参考线	1）单击"草图工具"工具栏中的图标按钮，弹出"转换至/自参考对象"对话框，选择水平直线 2）单击"转换至/自参考对象"对话框的"确定"按钮 3）最后通过几何约束和尺寸约束，使草图处于完全约束状态	

2.4.4 实践任务

完成如图 2-76、图 2-77 所示零件的二维草图绘制。

图 2-76 叉类零件轮廓

图 2-77 挂钩轮廓

项目小结

本项目通过知识链接和任务实践深入浅出地介绍了 UG NX 软件二维草绘功能和操作知识。通过本项目的学习，掌握草图绘制的步骤及草图工作平面的选用方法，熟练使用"草图工具"工具栏中：轮廓线、直线、圆、圆弧、矩形、多边形、椭圆等草图创建命令，倒圆角、倒斜角、制作拐角、快速修剪、快速延伸等草图编辑命令，曲线偏置、派生直线、阵列曲线、镜像曲线、添加现有曲线、曲线投影等曲线操作命令。掌握编辑图形、标注尺寸和几何约束等知识。在任务实践方面，应注重于通过范例来体会二维图形的制作思路和步骤，学会举一反三。学习好二维草绘，对学习好三维建模会起到事半功倍的效果。

项目考核

一、填空题

1．利用_____命令，可以将两条曲线之间尖角连接，长的部分自动裁掉，短的部分自动延伸。

2．利用"倒斜角"命令，可以在两条曲线之间倒斜角，包括_____、_____、_____三种方法。

3．利用_____命令，可以在两条或三条曲线之间倒圆角，包括_____、_____、_____三种方法。

4．"快速修剪"命令，可以以任一方向将曲线修剪至最近的交点或选定的边界。主要有_____、_____、_____三种修剪方法。

5．_____将草图元素延伸到另一临近曲线或选定的边界线处。

6．_____是指将草图几何对象以指定的一条直线为对称中心线，镜像复制成新的草图对象。镜像的对象与_____形成一个整体，并且保持相关性。

7．阵列曲线是指将草图几何对象以某一规律_____草图对象。

8．_____是将某个草图中的曲线转成参考线，草图转成参考线后，不参与实体特征造型。

9．_____就是设置约束方式限制草绘曲线在工作平面内的准确位置，从而保证草绘曲线的准确性。

二、选择题

1．_____用于将已有的不属于草图对象的点或曲线，添加到当前的草图平面中，由没有参数的要素转变为有参数的要素。
  A．添加现有的曲线　　　　　　　　B．镜像曲线
  C．投影曲线　　　　　　　　　　　D．编辑曲线

2．_____是指对草图平面内的曲线或曲线链进行偏置，并对偏置生成的曲线与原曲线进行约束。偏置曲线与原曲线具有关联性，即对原曲线进行的编辑修改，所偏置的曲线也会自动更新。
  A．镜像曲线　　　　　　　　　　　B．曲线偏置
  C．投影曲线　　　　　　　　　　　D．编辑曲线

3．_____用于定位草图对象和确定草图对象之间的相互几何关系。
  A．尺寸约束　　　　　　　　　　　B．尺寸标注
  C．几何约束　　　　　　　　　　　D．曲线偏置

4. _____是由系统对草图元素相互间的几何位置关系自动进行判断,并自动添加到草图对象上的约束方法。

　　A．尺寸约束　　　　　　　　　　B．显示/移除约束
　　C．手动约束　　　　　　　　　　D．自动约束

5. _____修剪方法可以绘制出一条曲线链,然后将与曲线链相交的曲线部分全部修剪。

　　A．边界修剪　　　　　　　　　　B．统一修剪
　　C．单独修剪　　　　　　　　　　D．按〈Del〉键修剪

三、判断题（错误的打×，正确的打√）

（　　）1．草图必须在草图工作平面绘制,对草图移动、旋转等编辑,只能在平面内进行,不能在三维空间进行。

（　　）2．草图尺寸约束中的自动判断,只能约束线性尺寸,不能约束角度尺寸。

（　　）3．要想修改已经完成的草图,其方法是双击该草图或在部件导航器中选中该草图,然后单击右键在快捷菜单中选"编辑"或"可回滚编辑"命令,即可以对该草图进行编辑。

（　　）4．利用"制作拐角"命令可以将两条曲线之间尖角连接。长的部分自动裁掉,短的部分不能自动延伸。

（　　）5．曲线投影可以将所有的二维曲线、实体或片体边界,沿草图工作平面的法线方向进行投影而成为草图。

四、问答题

1．什么是草图？如何进入草图任务环境？通过哪些方法可以绘制草图？
2．简述绘制草图的步骤。
3．草图工作平面创建方法有哪几种？
4．派生直线有哪几种用途？
5．草图约束在绘制草图中起什么作用？

五、完成如图 2-78～图 2-80 所示的二维草图绘制

图 2-78　样板轮廓

图 2-78　样板轮廓

图 2-79 转柄轮廓

图 2-80 卡板轮廓

项目 3　实体建模

实体建模是 UG NX 12.0 的基础和核心，主要包括特征建模、同步建模和特征编辑等工具，UG NX 12.0 实体建模的参数化设计，具有操作简单、编辑和修改方便的特点。

【能力目标】

1. 掌握实体及特征建模的方法与技巧。
2. 熟练使用实体及特征建模各种命令及布尔运算完成典型零件的造型。
3. 掌握基准特征的创建方法，通过基准特征的创建完成较复杂零件的造型。

【知识目标】

1. 基本体素（长方体、圆柱体、圆锥体、球体）的创建方法、布尔运算方法及综合应用。
2. 基准特征（基准平面、基准轴、基准坐标系、基准点）的创建方法及应用。
3. 扫描特征（拉伸、旋转、扫掠、管）的创建方法及应用。
4. 成形特征（孔、凸起、槽、螺纹等）的创建方法及应用。
5. 细节特征（边倒圆、面倒圆、桥接、倒斜角、拔模等）的创建方法及应用。
6. 关联复制（抽取几何特征、阵列特征、镜像特征等）的创建方法及应用。
7. 修剪（修剪体、拆分体、修建片体、修建和延伸等）的创建方法及应用。
8. 偏置/缩放（抽壳、加厚、缩放体等）的创建方法及应用。
9. 同步建模（移动面、拉出面、替换面等）的创建方法及应用。
10. 特征编辑（编辑特征参数、可回滚编辑、编辑位置等）的创建方法及应用。

【素养目标】

1. 培养学生精益求精的工匠精神，与人沟通的基本能力，爱岗敬业、积极进取的品质。
2. 培养集体意识和团队合作精神，在复杂实体建模时通过拆解变成简单形体的组合，使学生悟出解决问题的方法——即复杂问题简单化处理的方法。

3.1　实体建模基础知识

3.1.1　建模界面

建模界面如图 3-1 所示。

3.1.2　"特征"工具栏常用命令

"特征"工具栏常用命令如图 3-2 所示。

图 3-1　建模界面及特征建模常用工具栏

图 3-2　"特征"工具栏常用命令

3.1.3　实体建模步骤

1）新建一个模型文件，进入建模环境。
2）创建草图二维轮廓或直接利用"曲线"工具栏创建二维轮廓。
3）利用"特征"工具栏中的各种命令创建三维实体。
4）保存文件并退出。

3.1.4　基准特征种类及创建方法

1. 基准特征的种类

在 UG 的使用过程中，经常会遇到需要指定基准特征的情况。例如，在圆柱面上生成键槽时，需要指定平面作为键槽放置面，此时，需要建立基准平面；在建立特征的辅助轴线或参考方向时需要建立基准轴；在有的情况下还需要建立基准坐标系。基准特征的种类有：基准平面、基准轴、基准坐标系和基准点。

2. 基准特征的创建方法

（1）基准平面　选择"插入"→"基准/点"→"基准平面"选项或单击 "基准平面"图标按钮 ，系统弹出"基准平面"对话框，如图 3-3 所示。利用该对话框可以建立基准平面。

在"类型"下拉列表中可以选择基准平面的创建方法。

下面介绍几种常用的基准平面的创建方法。

1）自动判断。用"自动判断"方式创建基准平面包括：选定一个点、两个点、三个点和一个平面。

图 3-3 "基准平面"对话框

① 选定一个点方式：可以选择实体上的某一点或曲线上的某一点，或利用点构造器创建一个点，通过上述点可创建一个过此点的基准平面。如图 3-4a 所示。

② 选定两个点方式：可以选择实体上的某两点或曲线上的某两点，或利用点构造器创建两个点。选择两个点来定义基准平面，则该基准平面通过两点的连线且通过第一个点的法线方向。如图 3-4b 所示。

③ 选定三个点方式：可以选择实体上的某三点或曲线上的某三点，或利用点构造器创建三个点，通过上述三点可创建一个过此三点的基准平面。如图 3-4c 所示。

④ 选定平面方式：可以选择实体上的某一平面或已有的基准平面创建与该平面平行的一系列基准平面。如图 3-4d 所示。

图 3-4 自动判断创建基准平面

2)按某一距离。选择一个平面或基准平面并输入偏置值,则会建立一个基准平面。该平面与参考平面的距离为所设置的偏置值,如图 3-5 所示。

3)成一角度。选择一个平面或基准平面,再选择一条直线或轴,则会建立一个有一定角度的基准平面。该平面与参考平面的夹角为所设置的角度值,如图 3-6 所示。

图 3-5 按某一距离创建基准平面　　　　图 3-6 按某一角度创建基准平面

4)二等分。选择两个平行的平面或基准面,系统会在所选的平面之间创建基准平面。创建的基准平面与所选的两个平面的距离相等,即两个选定面的平分面。如图 3-7 所示。

5)曲线和点。通过选择一个点和一条曲线或者两个点来定义基准平面。若选择一个点和一条曲线,当点在曲线上时,该基准平面通过该点且垂直于曲线在该点处的切线方向;当点不在曲线上时,则该基准平面通过该点和该条曲线。若选择两个点来定义基准平面,则该基准平面通过两点的连线且通过第一个点的法线方向。图 3-8 所示为"曲线和点"方式创建基准平面。

图 3-7 二等分创建基准平面　　　　图 3-8 通过曲线和点创建基准平面

6)两直线。通过选择两条直线来创建基准平面,该平面通过这两条直线或者通过其中一条直线和与该条直线平行的直线,如图 3-9 所示。

7)相切。通过选择一个圆锥体或圆柱体来创建基准平面,该基准平面与圆锥体或圆柱体表面相切。如图 3-10 所示。

图 3-9 两直线创建基准平面　　　　图 3-10 通过相切创建基准平面

8）通过对象。通过选择一条直线、曲线或者一个平面来创建基准平面，该平面垂直于所选直线，或通过所选的曲线或平面，如图 3-11 所示。

9）点和方向。通过选择一个参考点和一个参考矢量，建立通过该点且垂直于所选矢量的基准平面，如图 3-12 所示。

图 3-11 通过对象创建基准平面

图 3-12 通过点和方向创建基准平面

10）在曲线上。通过选择一条参考曲线创建基准平面，该基准平面垂直于该曲线某点处的切线矢量或法向矢量。通过位置方式选择来确定该基准平面的位置，如图 3-13 所示。

11）XC-ZC 平面。"XC-ZC 平面"方式是将 XC-ZC 平面偏置某一距离来创建基准平面，如图 3-14 所示。"YC-ZC 平面""YC-XC 平面"方式与"XC-ZC"平面方式类似，这里不再赘述。

图 3-13 在曲线上创建基准平面

图 3-14 通过 XC-ZC 平面创建基准平面

如果要对某一个基准平面进行编辑，可在要编辑的基准平面上双击鼠标左键，此时会弹出"基准平面"对话框，并进入编辑状态。用户只需修改该对话框中的参数，然后单击"确定"按钮即可完成编辑操作。

（2）基准轴 基准轴可用于旋转中心、镜像中心，也可用于指定拉伸体和基准平面的方向。创建基准轴的方法与创建基准平面的方法大致相同。

选择"插入"→"基准/点"→"基准轴"选项或单击"基准轴"图标按钮，弹出如图 3-15 所示的"基准轴"对话框。"类型"下拉列表中各主要选项的含义介绍如下：

1）自动判断。系统根据所选对象选择可用

图 3-15 "基准轴"对话框

的约束,自动判断生成基准轴。①选择一条已存在的直线,单击"确定"按钮,则创建的基准轴与该直线重合;②选择或构造一个点,再选择一条直线单击"确定"按钮,则创建的基准轴通过该点且平行于该直线;③选择或构造两个点,则所创建的基准轴通过这两个点;④选择圆柱或圆锥表面,则所创建的基准轴通过圆柱或圆锥的轴线。如图 3-16 所示。

2)交线。通过选择两个平面来创建基准轴,所创建的基准轴与这两个平面的交线重合,如图 3-17 所示。

图 3-16 自动判断创建基准轴

图 3-17 交线创建基准轴

3)曲线/面轴。通过选择一条直线或面的边来创建基准轴,所创建的基准轴与该直线或面的边重合,如图 3-18 所示。

图 3-18 曲线/面轴创建基准轴

4)曲线上矢量。选择一条曲线作为参照,同时,选择曲线上的点来定义基准轴。该点的位置可以通过圆弧长度来改变,所创建的基准轴与所选曲线相切或垂直,如图 3-19 所示。

图 3-19 通过曲线上矢量创建基准轴

5)XC 轴。创建的基准轴与 XC 轴重合,如图 3-20 所示。同理可创建与 YC 轴重合的基准轴；创建与 ZC 轴重合的基准轴。

6）点和方向。通过选择一个参考点和一个参考矢量，建立通过该点且平行或垂直于所选矢量的基准轴，如图 3-21 所示矢量方向选择的是 Z 轴正方向。

图 3-20　XC 轴创建基准轴　　　　　　　　图 3-21　点和方向创建基准轴

7）两个点。通过选择两个点方式来定义基准轴，可以利用"点"构造器对话框来帮助进行选择。指定的第一点为基准轴的定点，第一点到第二点的方向为基准轴的方向，如图 3-22 所示。

（3）基准坐标系　就是在视图中创建一个类似于原点坐标系的新坐标系，该坐标系同样有矢量方向等性质。

选择"插入"→"基准/点"→"基准坐标系"选项或单击"基准坐标系"图标按钮 ，弹出如图 3-23 所示的"基准坐标系"对话框。"类型"下拉列表中各主要选项的含义介绍如下。

1）动态。利用拖动球形手柄来旋转坐标系，拖动方形手柄来移动坐标系。也可以通过直接输入 X、Y、Z 方向上要移动的距离来移动坐标系，如图 3-24 所示。

图 3-22　两点创建基准轴　　　　　　　　图 3-23　"基准坐标系"对话框

2）自动判断。根据用户选择的对象和输入的分量参数自动判断一种方法来创建一个坐标系。例如，选择两条互相垂直的直线，再选择它们的交点、边创建如图 3-25 所示的坐标系。

3）原点，X 点，Y 点。通过用户依次指定的 3 个点来创建一个坐标系。用户指定的第 1 个点为原点，第 1 个点与第 2 个点的矢量为坐标系的 X 轴，第 1 个点与第 3 个点的矢量为坐标系的 Y 轴，而坐标系的 Z 轴由右手定则来确定。创建的坐标系如图 3-26 所示。

4）X 轴，Y 轴，原点。通过定义或选择两个矢量，然后指定一点作为原点来创建坐标系。指定的第 1 条直线作为 X 轴方向，第 2 条直线为 Y 轴方向，通过原点与第 1 条直线平行的矢量作为 X 轴，通过原点与该矢量垂直的矢量作为 Y 轴，而坐标系的 Z 轴由右手定则确定。创建的坐标系如图 3-27 所示。"Z 轴，X 轴，原点"和"Z 轴，Y 轴，原点"方式创建坐标系的方法同上。

图 3-24　动态创建基准坐标系

图 3-25　自动判断创建基准坐标系

图 3-26　原点，X 点，Y 点创建基准坐标系

图 3-27　X 轴，Y 轴，原点创建基准坐标系

5）平面，X 轴，点。首先选择一个平面，该平面为 Z 轴的法线平面，然后指定一个矢量方向为 X 轴的方向，再指定一个点为坐标系的原点，创建的坐标系如图 3-28 所示。

6）三平面。通过指定三个平面来创建坐标系。第 1 个平面的法线矢量作为坐标系的 X 轴，第 2 个平面的法线矢量作为坐标系的 Y 轴，而坐标系的 Z 轴由右手定则来确定。

7）绝对坐标系（CSYS）。创建一个与绝对坐标系重合的基准坐标系。

8）当前视图的坐标系。使用当前视图创建坐标系。坐标系的原点为该视图的中心，视图水平向右方向为 X 轴，竖直向上方向为 Y 轴，垂直于屏幕向外的方向为 Z 轴。创建的坐标系如图 3-29 所示。

图 3-28　平面，X 轴，点创建基准坐标系

图 3-29　通过当前视图的坐标系创建基准坐标系

9）偏置坐标系。用户先选择一个坐标系作为参考坐标系，然后输入相对于该坐标系的偏置距离以及旋转的角度来创建一个新的坐标系，如图3-30所示。

（4）基准点　基准点就是在视图中创建一个或一系列点。这些点可以用来为创建基本体（长方体、圆柱体、圆锥体、球体）确定位置，也可以为在实体特征上打孔定位。

选择"插入"→"基准/点"→"点"选项或单击"基准点"图标按钮 ╋，弹出如图3-31所示的"点"对话框。"类型"下拉列表中的选项如图3-31所示。基准点创建比较简单，就不一一介绍了。

图3-30　通过偏置坐标系创建基准坐标系　　　图3-31　"点"对话框

3.1.5　布尔运算

布尔运算是对已存在的两个或多个实体进行求和、求差和求交的操作，经常用于需要剪切实体、合并实体以及获取实体交叉部分的情况。

布尔运算操作中的实体分为目标体和刀具体。

（1）目标体　是最先选择的需要与其他实体进行布尔运算操作的实体，目标体只能有一个。

（2）刀具体　是用来在目标体上执行布尔运算操作的实体，刀具体可以有多个。完成布尔运算操作后，刀具体将成为目标体的一部分。

1．求和

求和是指将两个或两个以上不同的实体合并为一个独立的实体。

单击图标按钮 ⌇或选择"插入"→"组合"→"合并"选项，系统弹出"合并"对话框。先选择需要与其他实体进行求和操作的实体作为目标体，再选择与目标体合并的实体作为刀具体，单击"确定"按钮后，刀具体与目标体合并为一个实体，如图3-32所示。

2．求差

求差是指从目标体中删除一个或多个刀具体，也就是求实体间的差集。

单击图标按钮 ⌇或选择"插入"→"组合体"→"求差"选项，系统弹出"求差"对话框。先选择需要相减的目标体，然后，选择一个或多个实体作为刀具体，单击"确定"按钮后，系统将从目标体中删除所选的刀具体，如图 3-33 所示。

图 3-32 布尔运算求和

 注意：所选的刀具体必须与目标体相交，否则，在相减时会出现出错信息，而且它们之间的边缘也不能重合。

3．求交

求交是指使目标体和所选刀具体之间的相交部分成为一个新的实体，也就是求实体间的交集。

单击图标按钮 或选择"插入"→"组合体"→"求交"选项，系统弹出"求交"对话框。先选择目标体，然后，选择一个或多个实体作为刀具体，系统会用所选的目标体和刀具体的公共部分产生一个新的实体或片体，如图 3-34 所示。

图 3-33 布尔运算求差　　　　　　　　图 3-34 布尔运算求交

 注意：所选的刀具体必须与目标体相交，否则，会出现出错信息。

3.1.6　常用特征编辑

在设计产品或零部件的时候，难免有时考虑不周全，所以需要是对已有的特征进行修改完善。UG 实体特征属于参数化建模，所以通过特征编辑和同步建模可以对已有的特征进行修改完善。本节主要介绍实体特征的参数编辑及同步建模中拉出面、移动面、替换面、设为共面等。

1．参数编辑

编辑特征参数操作可以重新对所创建的特征参数进行修改。打开"3-179.prt"文件。

选择"编辑"→"特征"→"编辑参数"选项或单击"编辑特征参数"图标按钮 ，系统弹出"编辑参数"对话框，如图 3-35 所示。

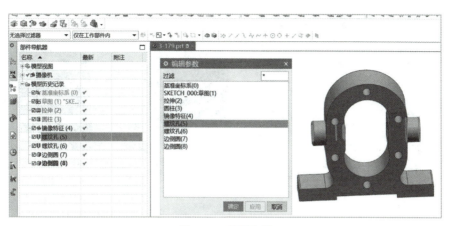

图 3-35　编辑参数

启用编辑特征方式如下。

1）在绘图工作区中直接双击要编辑参数的特征。

2）在"编辑参数"对话框的特征列表框中选择要编辑参数的特征名称。

3）在部件导航器选择特征，单击鼠标右键，在弹出的快捷菜单中单击"编辑参数"选项。

4）如图 3-35 所示，"编辑参数"对话框里面的特征和部件导航器里面的是一样的，编辑特征时可以直接在部件导航器里面双击特征进行更改，也可以直接双击 3D 图中的特征进入命令编辑。

2. 同步建模

同步建模可对已有的特征进行直接编辑，不用查找部件导航器里面的特征。常用的方法有移动面、拉出面、替换面和设为共面等。

（1）移动面　选择主菜单"插入"→"同步建模"→"移动面"选项或单击"同步建模"工具栏中"移动面"图标按钮，系统会弹出"移动面"对话框。移动面选择上表面，运动方式选择"距离-角度"，"距离"设为 20，"角度"设为 15，单击"确定"按钮，得到如图 3-36 所示的结果。

图 3-36　移动面

（2）拉出面。选择主菜单"插入"→"同步建模"→"移动面"选项或单击"同步建模"工具栏中"拉出面"图标按钮，系统会弹出"拉出面"对话框，拉出面选择上表面，运动方式选择"距离"，"距离"设为 45，单击"确定"按钮，得到如图 3-37 所示的结果。

图 3-37　拉出面

(3) 替换面。选择主菜单"插入"→"同步建模"→"替换面"选项或单击"同步建模"工具栏中"替换面"图标按钮，系统会弹出"替换面"对话框，分别选择要替换的面和替换面，单击"确定"按钮，得到如图 3-38 所示的结果。

图 3-38　替换面

(4) 设为共面。选择主菜单"插入"→"同步建模"→"设为共面"选项或单击"同步建模"工具栏中"设为共面"图标按钮，系统会弹出"设为共面"对话框，分别选择运动面和固定面，单击"确定"按钮，得到如图 3-39 所示的结果。

图 3-39　设为共面

3.2 任务1 台灯架实体建模

【目的要求】1. 掌握基本体素（长方体、圆柱体、圆锥体、球体）的建模方法与应用。
2. 掌握基准点和布尔运算的运用。
【教学重点】综合运用长方体、圆柱体、圆锥体、球体的建模方法完成台灯架实体建模。
【教学难点】掌握台灯架实体建模的技巧。
【教学内容】完成如图3-40所示台灯架实体建模。

图3-40 台灯架实体

台灯架实体建模主要运用基本体素（长方体、圆柱体、圆锥体、球体）的建模命令、布尔运算和基准点命令。

3.2.1 知识链接

1. 基本体素特征的概念

直接生成的实体一般称为基本体素特征，可用于创建简单形状的对象。基本体素特征包括长方体、圆柱体、圆锥体、球体等特征。由于这些特征与其他特征不存在相关性，因此在创建模型时，一般会将基本体素特征作为第一个创建的对象。

2. 基本体素特征的创建方法

（1）长方体 选择"插入"→"设计特征"→"长方体"选项或单击"长方体"图标按钮，系统会弹出"长方体"对话框，如图3-41所示。其"类型"下拉列表各选项的含义介绍如下。

1) 原点和边长。在文本框中输入长方体长、宽、高，然后，指定一点作为长方体前面左下角的顶点。

2) 二点和高度。以指定Z轴方向上的高度和底面两个对角点的方式创建长方体。

3) 两个对角点。以指定长方体的两个对角点位置的方式创建长方体。

（2）圆柱 选择"插入"→"设计特征"→"圆柱"选项或单击"圆柱"图标按钮，弹出"圆柱"对话框，如图3-42所示。其"类型"下拉列表各选项的含义介绍如下。

1) 轴、直径和高度。先指定圆柱体的矢量方向和底面的中点位置，然后设置其直径和高度即可。

图 3-41 "长方体"对话框　　　　　　图 3-42 "圆柱"对话框

2）圆弧和高度。先指定圆柱的高度，再按所选择的圆弧创建圆柱。在该对话框中，首先选择一个圆弧，然后在"尺寸"选项组中输入高度，选择相应的布尔运算，单击"确定"按钮即可完成圆柱的创建。

（3）圆锥　选择"插入"→"设计特征"→"圆锥"选项或单击"圆锥"图标按钮，弹出如图 3-43 所示的"圆锥"对话框。下面分别介绍对话框中的 5 种圆锥生成方式。

1）直径和高度。指定底部直径、顶部直径和高度来生成圆锥。利用"矢量构造器"或"自动判断矢量"命令构造一个矢量，用于指定圆锥的轴线方向。利用"点构造器"命令或选择已存在点指定圆锥底面中心的位置，在"尺寸"选项组中输入圆锥的底部直径、顶部直径和高度。

2）直径和半角。指定底部直径、顶部直径、半角及生成方向来创建圆锥。

3）底部直径、高度和半角。指定底部直径、高度和半角来创建圆锥。

4）顶部直径、高度和半角。指定顶部直径、高度、半角及生成方向来创建圆锥。

5）两个共轴的圆弧。指定两同轴圆弧来创建圆锥。所选择的两个圆弧分别作为底部圆弧和顶部圆弧，当两个圆弧不同轴时，系统会以投影的方式将顶端圆弧投影到基准圆弧轴上。圆弧可以不封闭。

（4）球体　选择"插入"→"设计特征"→"球"选项或单击"球"图标按钮，系统会弹出如图 3-44 所示的"球"对话框。下面介绍该对话框中两种生成球体的方式。

1）中心点和直径。指定直径和球心来创建球。单击该按钮，指定或选择一个点作为球的中心，在"直径"文本框中输入球的直径，最后在弹出的"布尔"对话框中选择一种布尔操作方法，即可完成球的创建操作。

2）圆弧。指定圆弧来创建球。所指定的圆弧不一定封闭。单击该按钮，会弹出"对象选择"对话框，选择一圆弧，则以该圆弧的半径和中心点分别作为创建球体的半径和球心。在"布尔"对话框中选择一种布尔操作方法，即可完成球的创建操作。

3.2.2　任务实施

1. 台灯架实体建模设计流程

台灯架实体建模设计流程如图 3-45 所示。

图 3-43 "圆锥"对话框　　　　　图 3-44 "球"对话框

图 3-45　台灯架实体建模设计流程

a) ①创建底盘　b) ②创建支柱　c) ③创建灯罩　d) ④创建支脚

2. 台灯架实体建模方法与步骤

1）采用"原点和边长"方式创建长 100、宽 100、高 20 的长方体，如图 3-46 所示。

2）采用"轴、直径和高度"方式创建直径为 20、高为 150、指定矢量为 Z 轴正方向、指定点为 XC30,YC50,ZC20 的圆柱体，布尔运算与底盘长方体求和，如图 3-47 所示。

3）采用"中心点和直径"方式创建直径为 70 的球，指定点为圆柱顶面的圆心点，布尔运算与基体求和。图 3-48 所示。

图 3-46　创建长方体　　　　　图 3-47　创建圆柱体

4）创建四个圆锥台支脚。采用"绘制基准点"的方法，在台灯架底面绘制四个定位点，绝对坐标分别为（10,10,0）、（10,90,0）（90,90,0）、（90,10,0），如图 3-49 所示。

图 3-48　创建球体

在四个点的位置创建四个圆锥台支脚，采用"直径和高度"方式创建底部直径 10、顶部直径 5、高度 12、指定矢量为 Z 轴负方向的圆锥台。指定点分别选取上面绘制的四个基准点，每选一个点，单击一次"应用"按钮，直至创建四个圆锥台，布尔运算与基体求和。完成台灯架的造型。如图 3-50 所示。

图 3-49　绘制定位点

图 3-50　创建圆锥台支脚

3.2.3　拓展任务（套的实体建模）

完成如图 3-51 所示套零件图的实体建模。

图 3-51　套的零件图

套的建模步骤见表 3-1。

表 3-1 套的实体建模

步骤	绘制方法	绘制结果图例
1. 创建外径 $\phi64$，内径 $\phi32$ 高 36 的主体套	1）创建圆柱体。直径 64，高 36，矢量方向为 Z 轴，定位点（0,0,-18） 2）创建圆柱体。直径 32，高 36，矢量方向为 Z 轴，定位点（0,0,-18），布尔运算为求差	
2. 创建左侧外径 $\phi24$，内径 $\phi10$ 的凸台	1）创建圆柱体。直径 24，高 10，矢量方向为 X 轴，定位点（-34,0,0），布尔运算为求和 2）创建圆柱体。直径 10，高 34，矢量方向为 X 轴，定位点（-34,0,0），布尔运算为求差	
3. 创建 $\phi12$ 与 X 轴夹角为 60°的孔	1）在 XY 面创建与 X 轴夹角为 60°的草图直线 1 2）创建圆柱体。直径 12，高 34，矢量方向为点到点。分别拾取直线 1 的两个端点，定位点为拾取直线第一个端点，布尔运算为求差。完成套的实体建模	

3.2.4 实践任务

完成如图 3-52 所示的东方明珠电视塔模型的实体建模，要求自行设计尺寸，比例合适。

图 3-52 东方明珠电视塔

图 3-52 东方明珠电视塔模型

3.3 任务 2 支座实体建模

【目的要求】：1. 掌握拉伸建模方法与应用。
　　　　　　2. 掌握基准平面的创建和布尔运算的运用。

【教学重点】运用拉伸建模命令完成支座实体建模。
【教学难点】掌握支座实体建模的技巧。
【教学内容】完成如图 3-53 所示支座实体建模。

图 3-53 支座零件图

支座实体建模主要运用拉伸建模、圆柱、基准平面的创建及布尔运算等命令。

3.3.1 知识链接

拉伸建模是将草图或二维曲线对象沿所指定的方向拉伸到某一指定的位置所形成的实体。

选择"插入"→"设计特征"→"拉伸"选项或单击"特征"工具栏中"拉伸"图标按钮 ，系统弹出"拉伸"对话框，如图 3-54 所示。首先在绘图区选择要拉伸的曲线，然后输入数值，系统自动生成拉伸预览。

1."拉伸"对话框中各主要选项含义

（1）指定矢量　用来确定拉伸方向。

（2）布尔　选择拉伸操作的运算方法。包括创建、求和、求差和求交运算。

（3）限制　包括是否对称拉伸、起始和结束值的定义。在"起始"/"结束"下拉列表框中，可以定义起始/结束拉伸方式为"值""对称值""直至下一个""直至选定对象""直至被延伸"以及"贯通"，当选择起始/结束类型为数值型时，需要输入起始/结束的值，单位为毫米。

图 3-54 "拉伸"对话框

（4）偏置　包括起始和结束偏置值的设置，以及偏置方式设置。其中偏置方式包括"双边""单边"和"对称的"。

（5）拔模　用于设置类型与角度。其中"类型"下拉列表框包括"从起始限制""从截面""从截面－不对称角""从截面－对称角"和"从截面匹配的终止处"5 个选项。

（6）预览　UG NX 12 提供了拉伸成形前的预览功能，对于拉伸对象的选择，可以直接在绘图区选择，系统会根据所选对象自动确定拉伸对象。

2．用于拉伸的对象

（1）实体面　选取实体的面作为拉伸对象。

（2）实体边缘　选取实体的边作为拉伸对象。

（3）曲线　选取曲线或草图的部分线串作为拉伸对象。

（4）成链曲线　选取相互连接的多段曲线的其中一条，也可以选择整条曲线作为拉伸对象。

（5）片体　选取片体作为拉伸对象。

3.3.2　任务实施

1．支座实体建模设计流程

支座实体建模设计流程如图 3-55 所示。

图 3-55　支座实体建模设计流程
a）①创建底盘　b）②创建竖直套　c）③创建直插水平套　d）④创建筋板

2．支座实体建模设计操作方法与步骤

（1）新建文件　在"标准"工具栏中，单击"新建"图标按钮，创建一个文件名为支座"zhizuo.prt"的模型文件。

（2）支座实体建模

1）创建底盘。

① 在 XY 面，创建如图 3-56 所示草图（对 $\phi 8$ 小圆做对称约束）。然后单击"完成草图"图标按钮。

② 选择"插入"→"设计特征"→"拉伸"选项或单击图标按钮，弹出"拉伸"对话框，选择截面曲线为①步所画的草图，矢量方向为默认或 Z 轴正向，采用"值"方式拉伸，"距离"为 10，布尔运算为"无"。单击"应用"按钮，得到如图 3-57 所示的支座底盘。

2）创建竖直套

① 采用"轴、直径和高度"方式创建直径为 50，高为 65，指定矢量为 Z 轴正方向，指定点为 XC0,YC0,ZC10 的圆柱，布尔运算为与底盘求和。如图 3-58a 所示。

图 3-56　支座底盘草图　　　　　　　　图 3-57　支座底盘

② 采用"轴、直径和高度"方式创建直径为 36，高为 65，指定矢量为 Z 轴正方向，指定点为 XC0,YC0,ZC10 的圆柱，布尔运算为与主体求差。如图 3-58b 所示。

a)　　　　　　　　　　　　　　　　　b)

图 3-58　竖直套

3）创建直插水平套。

① 创建与 XZ 相平行，距离为 38 的基准平面，如图 3-59 所示。

② 在①步创建的基准平面上创建如图 3-60 所示草图。

图 3-59　创建基准平面　　　　　　　　图 3-60　直插水平套草图

③ 单击图标按钮▣，弹出"拉伸"对话框。截面曲线选择φ40圆草图（注意：选择过滤器为"单条线"），矢量方向指向实体，采用"至选定对象"方式拉伸，选择外圆柱面，距离为 0，布尔运算为"求和"，单击"应用"按钮，得到如图 3-61a 所示的水平直插圆柱。

④ 单击图标按钮▣，弹出"拉伸"对话框，截面曲线选择φ30圆草图（注意：选择过滤器为"单条线"），矢量方向指向实体，采用"值"方式拉伸，距离为 38，布尔运算为"求差"，单击"应用"按钮，得到如图 3-61b 所示的φ30孔。

图 3-61　创建直插水平套

4）创建筋板。

① 将图显示为静态线框状态，在 XZ 面绘制筋板的两个三角形草图，并约束尺寸，如图 3-62 所示。

② 选择①步所绘制的草图，采用"对称"方式拉伸，距离为 5，布尔运算为"求和"，单击"应用"按钮，将图显示为带边着色状态，得到如图 3-63 所示的筋板。

③ 隐藏所有草图和基准，并保存文件，完成支座实体建模。得到如图 3-64 所示的结果。

图 3-62　筋板草图　　　　图 3-63　创建筋板　　　　图 3-64　支座实体

3.3.3　拓展任务（戒指实体建模）

完成如图 3-65 所示的戒指实体建模。通过该实例的实体建模主要掌握的命令有拉伸实体建模。

图 3-65　戒指零件图

戒指实体建模的设计步骤见表 3-2。

表 3-2　戒指实体建模

步骤	绘制方法	绘制结果图例
1．拉伸戒指毛坯	1）在 YZ 面，创建戒指横截面草图并约束尺寸（圆心为原点） 2）用上步所绘制的草图对称拉伸 30，得到戒指毛坯	
2．拉伸戒指主体	1）在 XZ 面，创建戒指横截面草图并进行尺寸约束和几何约束 2）选择上步所绘制的草图，对称拉伸 30，布尔运算为"求交"，得到戒指主体	
3．拉伸梯形凹坑	1）选择上平面为草图平面，创建矩形草图 2）选择上步所绘制的矩形草图，采用"值"拉伸方式，开始距离为 0，结束距离为 10，布尔运算为"求差"，选择从起始位置拔模，角度为 15°，单击"确定"按钮，并隐藏所有草图和基准，完成戒指的实体造型	

3.3.4　实践任务

完成如图 3-66～图 3-71 所示零件的实体建模。

图 3-66 垫块

图 3-67 支座

图 3-68 滑块座

图 3-69 轴承座

图 3-70 滑块

图 3-71 连杆

3.4 任务3 阶梯轴零件实体建模

【目的要求】1．掌握旋转建模方法与应用。
2．掌握沟槽、键槽、螺纹、腔体、倒斜角、打孔、阵列等特征的创建方法与应用。
3．掌握基准面的创建和布尔运算的运用。

【教学重点】综合运用旋转建模命令及沟槽、键槽、螺纹、腔体、倒斜角等特征操作完成阶梯轴零件的实体建模。

【教学难点】掌握阶梯轴零件的实体建模的技巧。

【教学内容】完成如图 3-72 所示阶梯轴零件的实体建模。

图 3-72 阶梯轴

图 3-72 阶梯轴零件图

阶梯轴零件实体建模主要运用旋转建模、沟槽、键槽、螺纹和倒角等特征的创建方法，基准平面的创建及布尔运算等命令。

3.4.1 知识链接

1．旋转实体建模

旋转建模是指将草图或二维曲线对象，绕所指定的轴线方向及指定点旋转一定的角度而形成的实体或片体。

选择"插入"→"设计特征"→"回转"命令或单击"特征"工具栏中"旋转"图标按钮，系统弹出"旋转"对话框，如图 3-73 所示。旋转操作一般步骤如下。

1）选择要旋转的曲线、边、面或片体。
2）在"开始"下拉列表框设置对象进行旋转时的起始角度。
3）在"结束"下拉列表框设置对象进行旋转的结束角度。

4）指定某一曲线或在"指定矢量"中选择某一矢量作为旋转轴。

5）指定旋转的基点位置（基点位置不同，即使旋转轴和母线相同，旋转后的实体也不同；当旋转的基点位于旋转轴上，旋转得到的是实心体，否则为空心体），单击"确定"按钮即可。

图 3-73 "旋转"对话框及应用

2. 槽

槽特征只能在圆柱面或圆锥面上创建，其类型有：矩形、球形端槽、U 形槽三种。下面主要以矩形槽为例介绍其创建方法。

（1）矩形槽　槽的底部是平面，截面为矩形。

1）选择"插入"→"设计特征"→"槽"选项或单击"槽"图标按钮，系统弹出"槽"对话框，如图 3-74 所示。

2）选择"矩形"，利用系统弹出的对话框选择放置面，放置面只能是圆柱面或圆锥面。在绘图区圆柱实体上选择完放置面后，会打开如图 3-75 所示的"矩形槽"对话框，在该对话框中设置槽的参数。该对话框中各选项含义介绍如下。

图 3-74 "槽"对话框　　　　图 3-75 "矩形槽"对话框

① 槽直径：用于设置槽底部直径尺寸（直径小于圆柱面或该位置的圆锥面直径，如输入 30）。

② 宽度：用于设置槽的宽度尺寸（如输入 15）。

3）单击"矩形槽"对话框中的"确定"按钮，系统弹出"定位槽"对话框，如图 3-76 所示。

图 3-76 "定位槽"对话框

4）先选择圆柱上边界，再选择圆盘上边界，输入所要的定位尺寸，单击"确定"按钮。得到如图 3-77 所示的结果。

图 3-77 创建矩形槽

（2）球形端槽　创建方法与矩形槽相同，其形状与矩形槽的区别是，槽的底部是圆弧面。如图 3-78 所示。

图 3-78 球形端槽

（3）U 形槽　创建方法与矩形槽相同，其形状与矩形槽的区别是，底面与侧面为圆弧过渡，如图 3-79 所示。

图 3-79 U 形槽

3．螺纹

螺纹特征只能在圆柱面上创建，其类型有详细螺纹和符号螺纹两种。

（1）详细螺纹　创建真实感螺纹。

1）选择"插入"→"设计特征"→"螺纹"选项或单击"螺纹"图标按钮，系统弹出

"螺纹切削"对话框,在"螺纹类型"选项组选择"详细",如图 3-80 所示。

2)选择放置面。放置面只能是圆柱面。在绘图区圆柱实体上选择完放置面后,会打开如图 3-81 所示的"螺纹切削"对话框。在该对话框中设置螺纹的参数。单击"确定"按钮,得到如图 3-82 所示的详细螺纹。

图 3-80 "螺纹切削"对话框(一)　　图 3-81 "螺纹切削"对话框(二)　　图 3-82 详细螺纹

(2)符号螺纹　按照制图标准规定创建符号螺纹。

1)选择"插入"→"设计特征"→"螺纹"选项或单击"螺纹"图标按钮,系统弹出"螺纹切削"对话框,在"螺纹类型"选项组选择"符号",如图 3-83 所示。

2)选择放置面。放置面只能是圆柱面。在绘图区圆柱实体上选择完放置面后,会自动得到如图 3-84 所示的"螺纹切削"对话框(也可以选中"手工输入"选项)。在该对话框中设置螺纹的参数。单击"确定"按钮,创建符号螺纹。

图 3-83 "螺纹切削"对话框(三)　　　　图 3-84 "螺纹切削"对话框(四)

4. 倒斜角

倒斜角有三种横截面形式：对称、非对称、偏置和角度。

（1）对称倒斜角　在主菜单中选择"插入"→"细节特征"→"倒斜角"或单击工具栏"倒斜角" 图标按钮，系统弹出"倒斜角"对话框。在"倒斜角"对话框中，"横截面"选"对称"，输入距离 30，选择相应的实体边界，单击"应用"按钮。结果如图 3-85 所示。

图 3-85　对称倒斜角

（2）非对称倒斜角　创建方法与对称倒斜角基本相同。在"倒斜角"对话框中，"横截面"选"非对称"，分别在"距离 1"和"距离 2"文本框中输入适当的值，选择相应的实体边界，单击"应用"按钮。结果如图 3-86 所示。

（3）偏置和角度　创建方法与对称倒斜角基本相同。在"倒斜角"对话框中，"横截面"选"偏置和角度"，分别在"距离"和"角度"文本框中输入适当的值，选择相应的实体边界，单击"应用"按钮。结果如图 3-87 所示。

图 3-86　非对称倒斜角

图 3-87　偏置和角度倒斜角

3.4.2　任务实施

1. 阶梯轴零件实体建模设计流程

阶梯轴零件实体建模设计流程如图 3-88 所示。

图 3-88 阶梯轴零件实体建模设计流程

a) ①绘制阶梯轴主体截面草图 b) ②旋转创建阶梯轴主体 c) ③创建沟槽 d) ④创建键槽
e) ⑤创建轴端部槽 f) ⑥轴端倒角创建螺纹

2. 阶梯轴实体建模方法与步骤

（1）新建文件　在"标准"工具栏中，单击"新建"图标按钮，创建一个文件名为阶梯轴"jietizhou.prt"的模型文件。

（2）创建阶梯轴主体

1）在 XY 面创建如图 3-89 所示草图（注意：轴线位置与 X 轴重合，轴的左端面与 Y 轴重合，方便后面键槽和轴端槽的定位）。

图 3-89 阶梯轴主体草图

2）选择"插入"→"设计特征"→"旋转"命令，弹出"旋转"对话框。选择草图截面线，旋转轴选择 X 轴，旋转角度："开始"为 0，"结束"为 360，单击"确定"按钮，得到如图 3-90 所示的轴实体。

（3）创建三个沟槽

1）创建 5×2 的沟槽：选择"插入"→"设计特征"→"槽"选项或单击"槽"图标按钮，选择矩形槽，选择放置的圆柱面，单击"确定"按钮，在系统弹出的"矩形"对话框中输入"槽直径"12，"宽度"5，然后单击"确定"按钮，给槽定位后，再次单击"确定"按钮，得到如图 3-91 所示沟槽。

图 3-90　旋转得到的轴的实体

图 3-91　创建 5×2 的沟槽

2）同理创建两个 2×1.5 的沟槽。沟槽 1 如图 3-92 所示，沟槽 2 如图 3-93 所示。

图 3-92　沟槽 1　　　　　　　　　　　　　图 3-93　沟槽 2

（4）创建键槽

1）创建基准平面（与圆柱面相切），如图 3-94 所示。

2）在 1）步创建的基准平面上创建键槽草图。选择"插入"→"在任务环境中绘制草图"命令，选择放置基准平面，即 1）步所创建的基准平面，单击"确定"按钮。绘制如图 3-95 所示的草图，单击"完成草图"按钮，完成键槽草图的创建。单击"拉伸"按钮，选择键槽草图，方向选择-YC，拉伸距离 4mm，"布尔"选择"求差"，单击"确定"按钮，完成键槽创建。如图 3-96 所示。

图 3-94　创建基准平面　　　　　　　图 3-95　绘制键槽草图

图 3-96　拉伸键槽

（5）创建轴端部槽　选择"插入"→"在任务环境中绘制草图"命令，直接选择如图 3-97 所示的面，单击"确定"按钮进入草图绘制环境，绘制如图 3-98 所示草图。草图宽度与 X 轴对称约束，并约束尺寸宽度 8mm，然后单击"完成草图"按钮，完成草图绘制。单击"拉伸"按钮，选择草图，方向选择-XC，拉伸距离为 30mm，"布尔"选择"求差"，单击"确定"按钮，完成轴端部槽创建。如图 3-99 所示。

图 3-97　选择平面　　　　　　　　　图 3-98　绘制草图

图 3-99　拉伸轴端部槽

（6）轴端倒角、创建螺纹

1）轴端倒角。在主菜单中选择"插入"→"细节特征"→"倒斜角"或单击工具栏"倒斜角"图标按钮，系统弹出"倒斜角"对话框。在"倒斜角"对话框中，"横截面"选"偏置和角度"，输入距离 2，角度 45，选择相应的实体边界，单击"应用"按钮，结果如图 3-100 所示。

图 3-100　轴端倒角

2）创建螺纹。选择"插入"→"设计特征"→"螺纹"选项或单击"螺纹"图标按钮，在"螺纹类型"选项组，选择"详细"，选择圆柱面，系统弹出"螺纹切削"对话框，输入长度 30，螺距 2，角度 60，选择起始位置为轴的左端面。单击"应用"按钮，结果如图 3-101 所示。

图 3-101　创建螺纹

（7）隐藏草图和基准，并保存文件

完成阶梯轴零件的实体造型。如图 3-102 所示。

图 3-102　阶梯轴零件的实体

3.4.3　拓展任务（轴承端盖实体建模）

完成如图 3-103 所示轴承端盖零件实体建模。

通过该实例的实体建模主要掌握的命令有：旋转实体建模、打孔、腔体、阵列等。

图 3-103　轴承端盖零件图

图 3-103　轴承端盖

1. 知识链接

（1）孔　UG NX 12.0 中孔特征包括常规孔、钻形孔、螺钉间隙孔、螺纹孔和孔系列 5 种孔类型。选择"插入"→"设计特征"→"孔"选项或单击"孔"图标按钮，弹出如图 3-104 所示的"孔"对话框。

1）常规孔。下面以常规孔中的简单孔为例，介绍孔的创建一般步骤。

① 在"孔"对话框的"类型"下拉列表中选择"常规孔"，"成形"下拉列表中选择"简单孔"。

② 在"尺寸"选项组中输入孔的尺寸。

③ 选择孔的放置面或指定点，弹出"草图点"对话框。

④ 利用"草图工具"工具栏中的"尺寸约束"命令对孔中心点位置定位。

⑤ 完成草图后，可以预览孔特征。单击"确定"按钮，完成孔的创建。如图 3-105 所示。

图 3-104　"孔"对话框

图 3-105 常规孔中的简单孔

用同样方法可以创建简单孔中的沉头孔、埋头孔和锥孔。如图 3-106～图 3-108 所示。

图 3-106 沉头孔　　　　　　　　　　　　　图 3-107 埋头孔

2）钻形孔。与常规孔的区别是孔的直径不能随意输入值，必须按钻头系列尺寸选取。创建方法与简单孔类似。如图 3-109 所示。

图 3-108 锥形孔　　　　　　　　　　　　　图 3-109 钻形孔

3）螺纹间隙孔。根据所选定的螺纹孔的大小，自动创建螺纹间隙孔。创建方法与简单孔类似。如图 3-110 所示。

4）螺纹孔。打孔后自动带螺纹，并且螺纹孔的尺寸只能按螺纹的系列选取。创建方法与简单孔类似。如图 3-111 所示。

图 3-110　螺纹间隙孔

图 3-111　螺纹孔

5）孔系列。根据选的螺纹孔大小，在板上创建一系列螺纹孔。创建方法与简单孔类似。如图 3-112 所示。

图 3-112　孔系列

（2）阵列特征（对特征形成图样）

阵列有七种形式：线性、圆形、多边形、螺旋式、沿曲线、常规、参考。下面以线性和圆形为例介绍其创建方法。

1）线性阵列。在主菜单中选择"插入"→"关联复制"→"阵列特征"选项或单击工具栏"阵列特征"图标按钮 ，系统弹出"阵列特征"对话框。在"阵列特征"对话框中，"选择特征"选择小圆柱，"布局"选择"线性"，"方向1"下"指定矢量"选择边界1，"数量"输入5，"节距"输入20；"方向2"下"指定矢量"选择边界2，"数量"输入4 节距输入25；单击"确定"按钮。结果如图3-113所示。

图 3-113　线性阵列

2）圆形阵列。在主菜单中选择"插入"→"关联复制"→"阵列特征"或单击工具栏"阵列特征"图标按钮 ，系统弹出"阵列特征"对话框，在"阵列特征"对话框中，"选择特征"选择小圆柱，"布局"选择"圆形"，"方向1"下旋转轴选 Z 轴，"指定点"选原点，"数量"输入12，"节距角"输入30；单击"确定"按钮。结果如图3-114所示。

图 3-114　圆形阵列

2. 轴承端盖实体建模设计步骤（表 3-3）

表 3-3　轴承端盖零件实体建模

步骤	绘制方法	绘制结果图例
1．绘制轴承端盖零件草图	在 XZ 面，创建轴承端盖零件草图并约束尺寸	
2．旋转建模轴承端盖零件主体	选上步所绘制的草图旋转建模，得到轴承端盖零件主体	
3．创建 6×φ9 孔	1）选择打孔命令，"类型"选择常规孔，成形选"简单孔"，"直径"输入 9，"深度"输入 20，放置平面为轴承端盖上表面，并约束打孔点的位置，完成草图后，单击"确定"按钮 2）阵列。特征选φ9 孔，"布局"选"圆形"，"指定矢量"选 Z 轴，"指定点"选原点，"数量"为 6，"节距角"为 60，单击"确定"按钮	
4．倒斜角 2×45°	选择"倒斜角"命令，分别在轴承端盖的上、下两个圆的边界（即 1、2 位置）倒 2×45°的斜角	
5．创建四个槽	1）选择"腔体"命令，"类型"选择"矩形"，放置平面选择端盖下环面，水平参考选 X 方向；腔体尺寸，"长度"输入 30，"宽度"输入 7，"高度"输入 8。单击"确定"按钮 2）阵列。特征选矩形孔，"布局"选"圆形"，"指定矢量"选 Z 轴，"指定点"选原点，"数量"为 4，"节距角"为 90。单击"确定"按钮，完成轴承端盖的实体建模	

3.4.4　实践任务

1. 完成如图 3-115～图 3-118 所示零件的实体建模。

图 3-115 轴 1

图 3-116 盖

图 3-117 斜柱支座

图 3-118 轴 2

2. 完成图 3-119 所示碗的实体建模。

图 3-119 碗（自行设计尺寸）

3.5 任务 4 水杯的实体建模

【目的要求】1．掌握旋转及扫掠建模方法与应用。
2．掌握基准平面的创建和布尔运算的运用。
【教学重点】综合运用旋转及扫掠建模命令完成水杯的实体建模。
【教学难点】掌握水杯的实体建模的技巧。
【教学内容】完成如图 3-120 所示水杯的实体建模。

水杯实体的建模主要运用旋转建模和沿引导线扫掠建模等方法，基准平面的创建及布尔运算等命令。

图 3-120 水杯零件图

3.5.1 知识链接

扫掠建模是将草图或二维曲线对象，沿指定的引导线扫掠形成的实体或片体。截面线和引导线可以是任何类型的曲线，扫掠的方向是引导线的切线方向，扫掠的距离是引导线的长度。

1. 沿引导线扫掠

选择"插入"→"扫掠"→"沿导引线扫掠"选项或单击图标按钮 ，系统弹出"沿引导线扫掠"对话框，如图 3-121 所示。

扫掠操作一般步骤如下。

1）在系统弹出"沿引导线扫掠"对话框后，选择线串作为截面线串。

2）再选择线串作为引导线。

3）在"偏置"选项组中设置扫掠的第一偏置和第二偏置值，选择一种布尔操作，即完成扫掠。

2. 管道

管道是指将圆形截面沿一条引导线扫掠得到的实体，只需要画一条引导线（引导线可以是一段线，也可以是多段线相切组成的），不需要画截面线。在创建管道时需要输入管道的外径和内径，如果内径为 0，则为实心管道。选择"插入"→"扫掠"→"管"选项或单击"管"图标按钮 ，弹出如图 3-122 所示的"管"对话框。各主要选项的含义介绍如下。

1）外径：用于设置截面曲线的外圆直径，外径不可以为 0。

2）内径：用于设置截面曲线的内圆直径。

图 3-121 "沿引导线扫掠"对话框

图 3-122 "管"对话框

3.5.2 任务实施

1. 水杯实体建模设计流程

水杯实体建模设计流程如图 3-123 所示。

2. 水杯实体建模方法与步骤

（1）新建文件　在"标准"工具栏中，单击"新建"图标按钮 ，创建一个文件名为水杯"shuibei.prt"的模型文件。

（2）创建水杯主体

1）在 XZ 面创建如图 3-124 所示草图。

2）选择"插入"→"设计特征"→"旋转"命令，弹出"旋转"对话框。选择草图截面线，旋转轴选择 Z 轴，旋转角度：开始为 0，结束为 360，布尔运算选择"无"。单击"确定"按钮，得到如图 3-125 所示的杯体的主体。

图 3-123　水杯实体建模设计流程

a) ①绘制水杯截面草图　b) ②创建水杯主体　c) ③创建水杯把手

图 3-124　草图　　　　　　　　图 3-125　杯体的主体

（3）创建杯把手

1）在 XZ 面创建如图 3-126 所示水杯把手样条草图曲线作为扫掠引导线。

2）采用"点和方向"方式创建基准平面 1，为画把手截面线做准备。如图 3-127 所示。

图 3-126　扫掠引导线　　　　　　　图 3-127　创建基准平面

3）在基准平面 1 上绘制把手椭圆截面（长半轴 10，短半轴 5）的草图曲线。如图 3-128 所示。

4）选择"插入"→"扫掠"→"沿引导线扫掠"选项，弹出"沿导引线扫掠"对话框。在"截面"选项组中单击"选择曲线"，选择椭圆作为截面曲线。在"引导线"选项组中单击"选择曲线"，选择图中的样条曲线作为引导线串。分别设置"第一偏置"和"第二偏置"值为 0。布尔运算为"求和"，单击"确定"按钮，即可完成扫掠操作，效果如图 3-129 所示。

图 3-128　创建把手椭圆截面　　　　　图 3-129　沿引导线扫掠创建水杯把手

3.5.3　拓展任务（手摇柄实体建模）

完成如图 3-130 所示手摇柄零件实体建模。

图 3-130　手摇柄

图 3-130　手摇柄零件实体图

通过该实例的实体建模主要掌握的命令有：球体、圆柱体、拉伸实体建模、沿引导线扫掠实体建模、实体边倒圆及倒斜角等。

手摇柄零件实体建模步骤见表 3-4。

表3-4 手摇柄零件实体建模

步骤	绘制方法	绘制结果图例
1．创建手摇柄主体	1）在 YZ 面，创建手摇柄主体截面草图并约束尺寸。如图 a 所示 2）在 XY 面创建手摇柄主体扫掠引导线（用艺术样条线）。如图 b 所示 3）扫掠手摇柄主体。如图 c 所示	a) b) c)
2．创建手摇柄左端	1）在左端生成球体（直径50，中心为原点）。如图 a 所示 2）在 YZ 面绘制草图。如图 b 所示 3）对称拉伸 25（布尔运算为"求差"）。如图 c 所示 4）创建方孔 20×20。如图 d 所示	a) b) c) d)

(续)

步骤	绘制方法	绘制结果图例
3．创建手摇柄右端	1）在手摇柄右端 XY 面创建草图直径 40 的圆。如图 a 所示 2）对称拉伸 15。如图 b 所示 3）创建长 50，直径 20 的圆柱手把。如图 c 所示 4）创建直径 20 的手把球头。如图 d 所示	a) b) c) d)
4．倒斜角	方孔两端到斜角 2×45°	
5．倒圆角	1）除方孔外，左、右两端棱边及手把根部倒 R2 的圆角 2）隐藏所有基准和草图，完成手摇柄的实体建模	

3.5.4 实践任务

完成下列零件的实体建模。

1）自行设计如图 3-131 所示衣架，要求尺寸比例合适。

图 3-131 衣架

图 3-131 衣架

2）自行设计如图 3-132 所示地球仪，要求尺寸比例合适。

项目 3　实体建模

图 3-132　地球仪

3.6　任务 5　三通零件实体建模

【目的要求】1. 掌握创建圆柱体、矩形块、偏置面、镜像特征、打孔、抽壳、边倒圆等特征方法与应用。
2. 掌握基准平面的创建和布尔运算的运用。

【教学重点】综合运用圆柱体、矩形块、偏置面、镜像特征、打孔、边倒圆等命令完成三通零件实体建模。

【教学难点】掌握三通零件实体建模的技巧。

【教学内容】完成如图 3-133 所示三通零件实体建模。

图 3-133　三通零件图

3.6.1 知识链接

1. 抽壳

抽壳是指将实体创建成薄壁体。类型有两种："移除面，然后抽壳"和"对所有面抽壳"。
在主菜单中选择"插入"→"偏置/缩放"→"抽壳"命令或单击工具栏"抽壳"图标按钮，系统弹出"抽壳"对话框，如图3-134所示。

图3-134 "抽壳"对话框

（1）移除面，然后抽壳 在主菜单中选择"插入"→"偏置/缩放"→"抽壳"命令或单击工具栏"抽壳"图标按钮，系统弹出"抽壳"对话框。在"类型"中选择"移除面，然后抽壳"，"要穿透的面"选择上面，"厚度"输入5，单击"应用"按钮。结果如图3-135所示。

（2）对所有面抽壳（成形中间空的薄壁体） 在主菜单中选择"插入"→"偏置/缩放"→"抽壳"命令或单击工具栏"抽壳"图标按钮，系统弹出"抽壳"对话框。在"类型"中选择"对所有面抽壳"，"要抽壳的体"选择矩形块，"厚度"输入5，单击"应用"按钮。结果如图3-136所示。

图3-135 移除面，然后抽壳

图3-136 对所有面抽壳

2. 偏置面

偏置面是使一组面偏离当前位置。在主菜单中选择"插入"→"偏置/缩放"→"偏置面"命令 偏置面(F)...。如图3-137所示的100×100×100正方形，如果想把高度改为150，可以用"偏置面"命令，直接选择正方形的上表面，偏置50得到高度150的图形。

图 3-137　偏置面图形

3. 边倒圆

（1）等半径边倒圆　在主菜单中选择"插入"→"细节特征"→"边倒圆"命令或单击工具栏"边倒圆"图标按钮，系统弹出"边倒圆"对话框，选择实体的边界，输入半径，单击"应用"按钮，得到如图 3-138 所示的结果。

（2）变半径边倒圆　在主菜单中选择"插入"→"细节特征"→"边倒圆"命令或单击工具栏"边倒圆"图标按钮，系统弹出"边倒圆"对话框，选择实体的边界，在"变半径"选项组中，指定新的位置点，单击端点图标按钮，选择立方体边界左端点，输入半径 15，再选择立方体边界右端点，输入半径 30，单击"应用"按钮，得到如图 3-139 所示的结果（也可以通过控制线段的百分比，输入不同的半径，实现变半径圆弧过渡）。

图 3-138　等半径边倒圆

图 3-139　变半径边倒圆

4. 拆分体

拆分体是指将实体用一个基准平面拆分成两部分。选择"插入"→"修剪"→"拆分体"选项或单击"拆分体"图标按钮，系统弹出"拆分体"对话框，选择要拆分的体和拆分的工具基准平面，单击"确定"按钮，得到如图 3-140 所示的结果。

图 3-140　拆分体

5. 修剪体

修剪体是指将实体用一个基准平面修剪掉一部分。选择"插入"→"修剪"→"修剪体"

选项或单击"修剪体"图标按钮，系统弹出"修剪体"对话框，选择要修剪的体和修剪的工具基准平面，单击"确定"按钮，得到如图 3-141 所示的结果。

图 3-141　修剪体

6．镜像特征

选择"插入"→"关联复制"→"镜像特征"选项或单击"镜像特征"图标按钮，系统弹出"镜像特征"对话框，选择要镜像的特征和镜像平面，单击"确定"按钮，得到如图 3-142 所示的结果。

图 3-142　镜像特征

7．镜像几何体

选择"插入"→"关联复制"→"镜像几何体"选项或单击"镜像几何体"图标按钮，系统弹出"镜像几何体"对话框，选择要镜像的体和镜像平面，单击"确定"按钮，得到如图 3-143 所示的结果。

图 3-143　镜像体

3.6.2 任务实施

1. 三通零件实体建模设计流程

三通零件实体建模设计流程如图 3-144 所示。

图 3-144　三通零件实体建模设计流程

a) ①创建两个直插圆柱　b) ②创建上部矩形凸缘　c) ③创建两侧凸台　d) ④打孔

2. 三通零件实体建模方法与步骤

（1）新建文件　在"标准"工具栏中，单击"新建"图标按钮，创建一个文件名为三通零件"santong.prt"的模型文件。

（2）创建两个直插圆柱

1）创建水平圆柱。矢量方向选 X 方向，定位点（-65,0,0），直径输入 55，高度输入 130。单击"应用"按钮，得到如图 3-145 所示的结果。

2）创建竖直圆柱。矢量方向选 Z 方向，定位点（0,0,0），直径输入 40，高度输入 60。单击"应用"按钮，得到如图 3-146 所示的结果。

图 3-145　水平圆柱

图 3-146　竖直圆柱

（3）创建上部矩形凸缘并边倒圆

1）创建矩形块。选择"插入"→"在任务环境中绘制草图"命令，选择直径 40 圆柱上表面，单击"确定"按钮进入草图绘制环境。绘制 60×60 矩形草图，如图 3-147 所示，单击"完成草图"按钮。单击"拉伸"按钮，选择矩形草图，拉伸方向选择 ZC，输入拉伸高度为 10，"布尔"选择"求和"，单击"确定"按钮，完成如图 3-148 所示图形。

2）对矩形块执行"边倒圆"命令，半径为 10。单击"应用"按钮，得到如图 3-149 所示的结果。

图 3-147　创建矩形块 草图

图 3-148　拉伸草图

图 3-149　矩形凸块边倒圆

（4）在水平套两端创建凸台

1）在水平套左、右端创建凸台。选择"插入"→"偏置/缩放"→"偏置面"命令，选择左、右端面，偏置 10，结果如图 3-150 所示。

图 3-150　左、右端偏置

2）在右侧端面创建基准平面，偏置-10，如图 3-151 所示。

图 3-151　创建基准平面

3）选择"插入"→"修剪"→"拆分体"命令，打开"拆分体"对话框，"目标"选择实体，"工具"选择基准面，如图 3-152 所示。

图 3-152　拆分体

4）选择"插入"→"偏置/缩放"→"偏置面"命令，选择图 3-153 所示面，偏置 12.5，做出端面凸台。

图 3-153　偏置面

5）左侧凸台。选择"插入"→"关联复制"→"镜像几何体"命令，打开"镜像几何体"对话框。"选择对象"选择右侧凸台，"镜像平面"选择基准坐标系的 XZ 平面，单击"确定"按钮得到左侧端面，如图 3-154 所示。

图 3-154 镜像几何体

6）左、右侧凸台与主体合并，如图 3-155 所示。

图 3-155 凸台与主体合并

（5）在水平套及两端凸台上打孔

1）中心处打孔。"类型"选"常规孔"，"成形"选"简单孔"，输入直径尺寸 45，"深度" 160，单击"应用"按钮，定位在中心，如图 3-156 所示的结果。

图 3-156 中心位置孔

2）在凸台处打孔。"类型"选"常规孔"，"成形"选"简单孔"，单击"位置指定点"→

"绘制截面"图标按钮,选择凸台侧面进入草图绘制环境,如图 3-157 所示。尺寸约束点位置为 X32.5、Y0,如图 3-158 所示,单击"完成草图"按钮,输入直径尺寸 8,深度 15,如图 3-159 所示,单击"应用"按钮,得到如图 3-160 所示的结果。

图 3-157　进入草图绘制环境　　　　　　　图 3-158　确定尺寸约束点位置

图 3-159　打孔参数设置　　　　　　　　　图 3-160　打孔结果

3)圆形阵列ϕ8 小孔。在主菜单中选择"插入"→"关联复制"→"阵列特征"命令,系统弹出"阵列特征"对话框。阵列特征选择ϕ8 小孔,"布局"选"圆形",旋转轴选 X 轴,"指定点"选择孔中心点,"数量"为 6,"节距角"为 60,单击"应用"按钮,得到如图 3-161 所示的结果。

图 3-161　圆形阵列ϕ8 小孔

4)同样方法创建左端面的 6 个ϕ8 的小孔。结果如图 3-162 所示。

图 3-162　三通零件实体

（6）对矩形凸缘进行打孔

1）中心处打沉头孔。"类型"选"常规孔"，"成形"选"沉头"孔，尺寸输入："沉头直径"为 40，"沉头深度"为 5，直径 30，深度 50。单击"应用"按钮，定位在中心。得到如图 3-163 所示的结果。

图 3-163　中心处打沉头孔

2）四个圆角处打孔。"类型"选"常规孔"，"成形"选"简单孔"，位置指定点直接选择四个圆角的中心点，尺寸输入：直径 10，深度 15，单击"应用"按钮，得到如图 3-164 所示的结果。

图 3-164　四个角处打孔

隐藏基准坐标系，完成三通零件的实体建模。

3.6.3 拓展任务（型腔零件实体建模）

完成如图 3-165 所示型腔零件实体建模。
通过该实例的实体建模主要掌握的命令有：长方体、拉伸实体建模、拔模、实体边倒圆等。

图 3-165 型腔零件图

图 3-165 型腔零件

1. 知识链接

拔模类型有四种：面、边、与面相切和分型边。
在主菜单中选择"插入"→"细节特征"→"拔模"命令或单击工具栏"拔模"图标按钮，系统弹出如图 3-166 所示"拔模"对话框。

图 3-166 "拔模"对话框

（1）面　在主菜单中选择"插入"→"细节特征"→"拔模"命令或单击工具栏"拔模"图标按钮，系统弹出"拔模"对话框。在"类型"中选"面"，指定矢量方向为 Z 轴，固定平面选择上表面，拔模面选择左侧面，拔模角度输入 30。单击"应用"按钮。结果如图 3-167 所示。

图 3-167　从平面拔模

（2）边　在主菜单中选择"插入"→"细节特征"→"拔模"命令或单击工具栏"拔模"图标按钮，系统弹出"拔模"对话框。在"类型"中选"边"，指定矢量方向为 Z 轴，"固定边"选择边 1，拔模面选择前面，拔模角度输入 30。单击"应用"按钮。结果如图 3-168 所示。

图 3-168　从边拔模

（3）与面相切　在主菜单中选择"插入"→"细节特征"→"拔模"或单击工具栏"拔模"图标按钮，系统弹出"拔模"对话框。在"类型"中选"与面相切"，指定矢量方向为 -Z 轴，"相切面"选择圆弧面，拔模角度输入 30。单击"应用"按钮。结果如图 3-169 所示。

（4）分型边　在主菜单中选择"插入"→"细节特征"→"拔模"命令或单击工具栏"拔模"图标按钮，系统弹出"拔模"对话框。在"类型"中选"分型边"，指定矢量方向为 Z 轴，"固定面"选基准平面 2，"分型边"选上边 1，拔模角度输入 30。单击"应用"按钮。结果如图 3-170 所示。

图 3-169 与多个面相切拔模

图 3-170 至分型边拔模

2. 型腔零件实体建模步骤（表 3-5）

表 3-5 型腔零件实体建模

步骤	绘制方法	绘制结果图例
1. 创建型腔主体毛坯	创建长方体：长 275，宽 165，高 40；定位点为原点	
2. 创建型腔	1）在 YZ 面绘制草图。如图 a 所示 2）拉伸建模。起始距离 10，结束距离 265，布尔运算为求差。如图 b 所示	a) b)

(续)

步骤	绘制方法	绘制结果图例
2. 创建型腔	3）在右端面绘制草图。如图 c 所示 4）拉伸建模。起始距离 10，结束距离 95.5，布尔运算为求差。如图 d 所示	c) d)
3. 创建型腔内的隔断	1）创建与型腔左端面相距 74.5 的基准平面 1。如图 a 所示 2）在基准平面 1 上通过曲线投影及曲线偏置等方法绘制隔断草图。如图 b 所示 3）拉伸建模。起始距离 0，结束距离 3，布尔运算为求和。如图 c 所示	a) b) c)
4. 创建型腔底部凸台和凸块	1）创建两个 φ20、高 3、锥角 30°的凸台，并按图样的要求定位。如图 a 所示 （2）创建长 50、宽 30、高 3、锥角 30°的矩形凸台，并按图样的要求定位。如图 b 所示	a) b)

步骤	绘制方法	绘制结果图例
5. 拔模并边倒圆角	1）拔模。"类型"选择"从边"，拔模方向为 Z 轴正向，"固定边"选择实体边界 1，角度为 30，单击"应用"按钮，将型腔左侧面拔模。同理分别选择"固定边"，实体边界 2，角度为 30，实体边界 3，角度为 45，完成型腔另外两个侧面的拔模。如图 a 所示 2）边倒圆角：将 1、2、3 处的棱边倒 R5 的圆角，完成型腔零件实体造型。如图 b 所示	a) b)

3.6.4 实践任务

1. 完成如图 3-171 所示零件的实体建模。

图 3-171 连杆

图 3-171 连杆

2. 完成如图 3-172 所示零件的实体建模,自行设计注油零件尺寸。

图 3-172 注油零件

图 3-172 注油零件

3. 完成如图 3-173、图 3-174 所示零件的实体建模。

图 3-173 底座

图 3-173 底座

图 3-174 壳体

项目小结

通过本项目的学习,掌握实体及特征建模的方法与技巧。熟练使用实体和特征建模各种命令及布尔运算完成典型零件的建模,掌握基准特征的创建方法,通过各个任务的学习,掌握基本体素(长方体、圆柱体、圆锥体、球体)的创建方法,布尔运算方法及综合应用;扫描特征(拉伸、旋转、扫掠、管)的创建方法及应用;成形特征(孔、沟槽、螺纹等)的创建方法及应用;细节特征(边倒圆、倒斜角、拔模等)的创建方法及应用;关联复制(阵列、镜像特征、镜像体等)的创建方法及应用;修剪(修剪体、拆分体等)的创建方法及应用;偏置/缩放(抽壳等)的创建方法及应用;同步建模(移动面、拉出面、替换面等)的创建方法及应用;特征编辑(编辑特征参数等)的创建方法及应用。在学习过程中应注重通过范例来体会实体建模思路和步骤,学会举一反三。实体建模是该软件基础和核心,学习好实体建模,对学习其他模块会起到重要的作用。

项目考核

一、填空题

1. 基准特征的种类有:_____、_____、基准坐标系和基准点。
2. _____是一个可以为其他特征提供参考的无限大的辅助平面。
3. 直接生成实体的方法一般称为_____,基本体素特征包括_____、_____、圆锥体、球体等特征。

4．在进行实体求差操作时，_____是被执行布尔运算的实体，而刀具体是在目标体上执行操作的实体。

5．拉伸建模是将草图或二维曲线对象，沿_____拉伸到某一指定的位置所形成的实体或片体。

6．旋转建模是将草图或二维曲线对象，绕_____及指定点旋转一定的角度而形成的实体或片体。

7．扫掠建模是将草图或二维曲线对象，沿_____扫掠形成的实体或片体。

8．抽壳是指将实体创建成薄壁体，类型有两种：_____和_____。

9．孔特征类型有_____、钻形孔、螺钉间隙孔、_____和孔系列 5 种。

二、选择题

1．在创建螺纹时，_____是指在实体上以虚线来显示创建的螺纹，而不是真实显示螺纹实体特征。

  A．粗牙螺纹 B．详细螺纹 C．符号螺纹 D．细牙螺纹

2．_____是从实体模型上临时移除一个或多个特征，即取消它们的显示。

  A．隐藏特征 B．抑制特征 C．删除特征 D．拭除特征

3．_____特征只能在圆柱面或圆锥面上创建，其类型有矩形、球形端槽、U 形槽三种。

  A．孔特征 B．键槽特征 C．割槽特征 D．腔体特征

4．_____将实体一分为二，两侧都保留。

  A．修剪 B．修剪特征 C．分割体 D．拆分体

5．_____通过编辑尺寸、添加尺寸、删除尺寸的方式来改变特征的位置。

  A．移动特征 B．改变特征 C．编辑位置 D．替换特征

6．抽壳操作时，"抽壳所有面"与"移除面，然后抽壳"方式操作不同，它是一种通过选取_____进行抽壳操作方式。

  A．片体 B．实体表面 C．实体 D．曲面

三、判断题（错误的打×，正确的打√）

（ ）1．基准平面是一个可以为其他特征提供参考的无限大的辅助平面。

（ ）2．实体边倒圆，只能进行等半径过渡。

（ ）3．凸台功能只能在实体的某个平面上创建圆柱形凸台。

（ ）4．在旋转建模时，同一草图对象，指定的旋转轴矢量方向相同，但指定的旋转基点不同，所形成的实体或片体的结果不同。

（ ）5．在实体建模中，如果草图或二维曲线不封闭，拉伸得到的结果一定是片体。

四、问答题

1．简述实体建模的步骤。

2．基准特征有哪几种？列举 5 种基准平面的常用创建方法。

3．什么是基本体素？基本体素有哪几种？

五、完成如图 3-175～图 3-181 所示零件的实体建模

图 3-175 弯头

图 3-176 支座

图 3-177　篮筐（尺寸自行设计）

图 3-177　篮筐

图 3-178　泵体

图 3-178　泵体

图 3-179　支座

图 3-179　支座

图 3-180 轮架

图 3-181 钟表（尺寸自行设计）

项目 4　曲线曲面建模

曲线是构建模型的基础，曲线构造质量的好坏直接关系到生成曲面和实体的质量好坏。UG NX 12.0 提供了强大的曲面特征构建及相应的编辑和操作功能。本项目内容主要包括有空间曲线的创建和编辑；曲面的创建和编辑。

【能力目标】
1. 熟练掌握常用空间曲线创建、编辑的方法和步骤。
2. 熟练掌握常用曲面创建、编辑的方法和步骤。

【知识目标】
1. 常用空间曲线的创建和编辑。
2. 常用空间曲面的创建和编辑。
3. 利用空间曲线和空间曲面的方法进行典型零件的造型设计。

【素养目标】
1. 培养学生具体问题具体分析的能力。
2. 培养自我管理能力和职业生涯规划的意识。
3. 在进行零件建模设计时培养一定的审美和人文素养。

4.1　曲线曲面建模基础知识

4.1.1 "曲线"工具栏常用命令

在三维建模模块中应用曲线功能可以创建任意复杂的三维线架，而 UG 软件为基础曲线功能提供了许多便捷的创建方法，可以根据大概形状绘制轮廓，也可以通过对话框精确地创建轮廓，还可以在创建轮廓过程中通过选择箭头方向调整创建位置。基础曲线功能包括直线、圆弧、圆、矩形、椭圆和曲线等，如果能够灵活运用基础曲线功能的绘制方法，就能绘制出不同结构的三维轮廓。图 4-1 所示为"曲线"工具栏。

4.1.2 "曲面"工具栏常用命令及曲面的概念

1. "曲面"工具栏常用命令

在进行产品设计时，对于形状比较规则的零件，利

图 4-1　"曲线"工具栏

用实体特征的造型方式快捷而方便，基本能满足造型的需要。但对于形状复杂的零件，实体特征的造型方法就显得力不从心，有很多局限性，难以胜任。而 UG 自由曲面构造方法繁多、功能强大、使用方便，提供了强大的弹性化设计方式，成为三维造型技术的重要组成。图 4-2 所示为"曲面"工具栏。

图 4-2 "曲面"工具栏

2．曲面的概念及构造曲面的一般原则

（1）曲面的基本概念

1）实体、片体和曲面。在 UG NX 中，构造的物体类型有两种：实体与片体。实体是具有一定体积和质量的实体性几何特征，片体是相对于实体而言的，它只有表面，没有体积，并且每一个片体都是独立的几何体，可以包含一个特征，也可以包含多个特征。

① 实体。具有厚度，由封闭表面包围的具有体积的物体。

② 片体。厚度为 0，没有体积存在。

③ 曲面。任何片体和片体的组合以及实体的所有表面。

2）曲面的 U、V 方向，如图 4-3 所示。在数学上，曲面是用两个方向的参数定义的：行方向由 U 参数、列方向由 V 参数定义。对于"通过点"方法生成的曲面，大致具有同方向的一组点构成了行，与行大约垂直的一组点构成了列方向。对于"直纹面"和"通过曲线"方法生成的曲面，曲线方向代表了 U 方向，如图 4-3a 所示。对于"通过曲线网格"的生成方法，曲线方向代表了 U 方向和 V 向，如图 4-3b 所示。

图 4-3 曲面的 U、V 方向

3）曲面的阶次。曲面的阶次类似于曲线的阶次，是一个数学概念，用来描述片体的多项式的最高阶次数。由于片体具有 U、V 两个方向的参数，因此，需分别指定阶次数。在 UG NX 中，片体在 U、V 方向的阶次数必须介于 2～24，但最好采用三阶次，称为双三次曲面。曲面的阶次过高会导致系统运算速度变慢，甚至在数据转换时，容易发生数据丢失等情况。

(2)构造曲面的一般原则 在 UG NX 12.0 中,使用曲面功能设计产品外形时,一般应遵循以下原则。

1)用于构造曲面的曲线尽可能简单,曲线阶次数<3。
2)用于构造曲面的曲线要保证光顺连续,避免产生尖角、交叉和重叠。
3)曲面的曲率半径尽可能大,否则会造成加工困难和复杂。
4)曲面的阶次尽量选择三次,避免使用高阶次曲面。
5)避免构造非参数化特征。
6)如有测量的数据点,建议可先生成曲线,再利用曲线构造曲面。
7)根据不同 3D 零件的形状特点,合理使用各种曲面构造方法。
8)设计薄壳零件时,尽可能先修剪实体,再用抽壳方法进行创建。
9)面之间的圆角过渡尽可能在实体上进行操作。
10)内圆角半径应略大于标准刀具半径,以方便加工。

4.1.3 曲线曲面建模步骤

1)新建一个模型文件。
2)利用曲线及曲线编辑工具栏绘制三维线架。
3)利用曲面及曲面编辑工具栏绘制曲面。
4)利用曲面缝合或曲面加厚等功能完成实体化建模。

4.2 任务 1 立体五角星线架及曲面建模

【教学目的】1. 掌握点、直线、多边形、圆及圆弧等创建命令的应用与操作方法。
2. 掌握修剪曲线、分割曲线等编辑命令的应用与操作方法。
3. 掌握直纹、有界平面、修剪片体、缝合命令的应用与操作方法。
【教学重点】综合运用各种命令绘制立体五角星空间曲线及曲面建模。
【教学难点】掌握立体五角星的绘制技巧。

完成如图 4-4 所示的立体五角星(五角星的外接圆半径为 100)线架及曲面建模。

图 4-4 立体五角星示意图

图 4-4 立体五角星

通过该实例的建模主要掌握的命令有:直线、多边形、圆、快速修剪、修剪曲线、N 边曲面、有界平面、直纹、修剪片体和缝合等。

4.2.1 知识链接

1. 直线的绘制

在 UG NX 中，直线是指通过两个指定点绘制而成的轮廓线，其具体参数可以通过"直线"对话框控制或者直接输入数据，也可以拖动直线上控制点自由地调整直线，它作为一种基本的构造图元，在空间中无处不在。

单击"曲线"工具栏中"直线"按钮 ╱，弹出"直线"对话框，如图 4-5 所示。

图 4-5 "直线"对话框

"直线"对话框下拉列表的应用说明见表 4-1。

表 4-1 "直线"对话框下拉列表的应用说明

名称	应用说明
自动判断	自动判断直线的起始点或结束点。在"开始"选项组的"起点选项"下拉列表中选择"自动判断"选项，将光标移动到模型上，系统将自动捕捉模型的位置点作为直线的起始点或结束点
点	通过参考点确定直线的起始点或结束点。在"开始"选项组的"起点选项"下拉列表中选择"点"选项，然后在模型任意位置上选择点作为直线的起始点或结束点
相切	通过选择圆、圆弧或曲线确定直线与其相切的起始或结束位置。在"开始"选项组的"起点选项"下拉列表中选择"相切"选项，然后在模型任意位置上选择圆弧或圆作为直线的起始或结束相切线位置
成一角度	通过参考直线角度确定直线。确定直线第一点后，在"结束"选项组的"终点选项"下拉列表中选择"成一角度"选项，接着选择曲线作为角度约束直线，然后在"角度"文本框中输入角度值，在"距离"文本框中输入长度值，最后单击"确定"按钮即可创建直线
XC 沿 XC	通过 XC 方向和长度数值确定直线。确定直线第一点后，在"结束"选项组的"终点选项"下拉列表中选择"XC 沿 XC"选项，接着在"距离"文本框中输入直线长度，然后单击"确定"按钮创建直线
YC 沿 YC	通过 YC 方向和长度数值确定直线。确定直线第一点后，在"结束"选项组的"终点选项"下拉列表中选择"YC 沿 YC"选项，接着在"距离"文本框中输入直线长度，然后单击"确定"按钮创建直线
ZC 沿 ZC	通过 ZC 方向和长度数值确定直线。确定直线第一点后，在"结束"选项组的"终点选项"下拉列表中选择"ZC 沿 ZC"选项，接着在"距离"文本框中输入直线长度，然后单击"确定"按钮创建直线
自动平面	通过自动平面确定创建直线的平面，一般为默认状态
锁定平面	通过锁定某一平面确定创建直线的平面
选择平面	通过选择现有的平面确定创建直线的平面。确定直线第一点后，在"支持平面"选项组的"平面选项"下拉列表中选择"选择平面"选项，接着选择现有的平面，然后确定直线第二点，最后单击"确定"按钮创建直线

操作步骤：单击"曲线"工具栏中"直线"按钮，弹出"直线"对话框。需要确定起点及终点位置，选原点，向 Y 方向延伸 65mm，最后单击鼠标中键或者"确定"按钮，完成直线绘制，如图 4-6 所示。

图 4-6　直线绘制

2. 圆弧和圆

圆弧和圆是构建复杂几何曲线的基本图素之一，其中圆弧的创建方式有两种，分别是三点画圆弧和从中心开始的圆弧/圆。

操作步骤：在"曲线"工具栏中单击 按钮；弹出"圆弧/圆"对话框。

（1）三点画圆弧　制图要素有圆弧起点、终点及半径值（或圆上点）。如图 4-7 所示。

图 4-7　三点画圆弧

（2）从中心开始的圆弧/圆　制图要素有中心点位置、圆上点或者半径值。如图 4-8 所示。

（3）绘制整圆　选中"圆弧/圆"对话框中"限制"选项组下的"整圆"复选框。可以用三点画圆或给定中心和半径画圆两种方法画圆。如图 4-9 所示。

图 4-8 从中心开始的圆弧

图 4-9 整圆绘制

3. 多边形的绘制

通过"多边形"命令可以快速方便地创建正多边形，而正多边形是广泛应用于工程设计的二维图形。UG 软件提供了外切圆半径、内接圆半径和多边形边数三种创建方法。

操作步骤：在"曲线"工具栏中单击图标按钮⊙，打开"多边形"对话框，如图 4-10 所示。输入边数，然后单击"确定"按钮，弹出"多边形"类型选择菜单，如图 4-11 所示。根据需要选择绘制多边形的方法，单击"确定"按钮之后输入相关参数，弹出"点"对话框，设置点的位置，最终创建多边形。其绘制方法与草图的绘制方法相同，在这里不再赘述。

图 4-10 "多边形"对话框

图 4-11 多边形类型选择菜单

4．修剪曲线

单击图标按钮或选择"编辑"→"曲线"→"修剪"选项,打开"修剪曲线"对话框,依据系统提示选取欲修剪的曲线及边界线,设置修剪参数完成操作,如图 4-12 所示。

图 4-12 曲线修剪

 注意：在进行修剪操作时,选取修剪曲线的一侧即为剪去的一侧,同时,如果选择边界线的顺序不同,将会产生不同的修剪效果。

"修剪曲线"对话框中主要选项的含义介绍如下。

（1）方向　用于确定边界对象与待修剪曲线交点的判断方式。

（2）关联　如选中该复选框，则修剪后的曲线与原曲线具有关联性，若改变原曲线的参数，则修剪后的曲线与边界之间的关系自动更新。

（3）输入曲线　用于控制修剪后，原曲线保留的方式（隐藏、删除、替换三种方式）。

（4）曲线延伸　如果要修剪的曲线是样条曲线并且需要延伸到边界，则利用该选项设置其延伸方式。

（5）修剪边界曲线　在对修剪对象进行修剪的同时，边界对象也被修剪。

（6）保持选定边界对象　选中该复选框，单击"应用"按钮后，边界对象将保持被选取状态。此时，如果使用与原来相同的边界对象修剪其他曲线，不需再次选取。

（7）自动选择递进　选中该复选框，系统按选择步骤自动地进行下一步操作。

5．分割曲线

分割曲线是指将曲线分割成多个节段，各节段成为独立的操作对象。分割后原来的曲线参数被移除。

单击图标按钮 ⨍ 或选择"编辑"→"曲线"→"分割曲线"选项，打开"分割曲线"对话框，如图 4-13 所示。

图 4-13　分割曲线

在"分割曲线"对话框中提供了 5 种曲线的分割方式，下面介绍它们各自的含义及用法。

（1）等分段　以等长或等参数的方法将曲线分割成相同的节段。选择该选项后，选取要分割的曲线，设置等分参数，单击"确定"按钮完成操作。

（2）按边界对象　利用边界对象来分割曲线。选择该选项后，选取要分割的曲线，然后按系统提示选取边界对象，单击"确定"按钮完成操作。

（3）弧长段数　通过分别定义各节段的弧长来分割曲线。选择该选项后，选取要分割的曲线，设置弧长参数，单击"确定"按钮完成操作。

（4）在结点处　该方式只能用于分割样条曲线，它在曲线的定义点处将曲线分割成多个节段。选择该选项后，选取要分割的曲线，然后在"方法"下拉列表中选择分割曲线的方法，单击"确定"按钮完成操作。

（5）在拐角上　该方式可在拐角处（即一阶不连续点）分割样条曲线（拐角点是因样条曲线节段的结束点方向和下一节段开始点方向不同而产生的点）。选择该选项后，选取要分割的曲线，系统会在样条曲线的拐角处分割曲线。

6．直纹面

直纹面是指严格通过两条截面线串而生成的直纹片体，它主要用于在两个截面之间创建线性过渡的曲面。其中，第一根截面线可以是直线、光滑的曲线，也可以是点，而每条曲线可以是单段，也可以是由多段组成。

（1）操作步骤

1）单击"曲面"工具栏中的直纹面图标按钮■或选择"插入"→"网格曲面"→"直纹面"选项，弹出"直纹"对话框，如图4-14所示。

图4-14 "直纹"对话框

2）选择第一条曲线作为"截面线串1"，在第一条曲线上，会出现一个方向箭头。

3）单击鼠标中键完成"截面线串1"的选择。选择第二条曲线作为"截面线串2"，在第二条曲线上，也会出现一个方向箭头。

4）可以根据输入曲线的类型，选择需要的对齐方式，然后单击"确定"按钮，完成曲面创建。

 注意：第二条曲线的箭头方向应与第一条曲线的箭头方向一致，否则会导致曲面扭曲。

（2）对齐方式 用曲线构成曲面时，对齐方式确定了截面曲线之间的对应关系，将影响曲面的形状。直纹曲面常用对齐方式如图4-15所示。一般常用"参数"对齐方式，对于多段曲线或者具有尖点的曲线，采用"根据点"对齐方式较好。

图4-15 直纹曲面对齐方式

1）参数：参数对齐是指沿曲线将等参数分布的对应点连接。

2）根据点：当对应的截面线具有尖点或多段时，该方法要求选择对应的点，如图4-15a中所示的对应点 1、点 2，首末点自动对应，不需指定，构成直纹曲面如图 4-15b 所示。

7．N 边曲面

N 边曲面是由多个相连接的曲线（可以封闭，也可以不封闭；可以是平面曲线链，也可以是空间曲线链）生成的曲面。

操作步骤：单击"N 边曲面"图标按钮 或选择"插入"→"网格曲面"→"N 边曲面"选项，弹出"N 边曲面"对话框，顺序拾取各条曲线，然后单击"确定"按钮，完成曲面创建。如图 4-16 所示。

图 4-16 "N 边曲面"对话框

8．有界平面

有界平面是指由在同一平面的封闭的曲线轮廓（曲线轮廓可以是一条曲线，也可以是多条曲线首尾相连的）生成的平面。

操作步骤：单击"有界平面"图标按钮 或选择"插入"→"曲面"→"有界平面"选项，弹出"有界平面"对话框，拾取轮廓曲线，然后单击"确定"按钮，完成曲面创建。如图 4-17 所示。

图 4-17 有界平面

9．曲面缝合

"缝合"命令将两个或两个以上的片体缝合为单一的片体。如果被缝合的片体封闭成一定体积，缝合后可形成实体（片体与片体之间的间隙不能大于指定的公差，否则结果是片体而不是实体）。

操作步骤：单击图标按钮 或选择"插入"→"组合体"→"缝合"选项，弹出"缝合"对话框。"类型"选"片体"，"目标"选曲面 1，"工具"选曲面 2，单击"确定"按钮，将 1、2 曲面缝合为一体。如图 4-18 所示。

图 4-18　曲面缝合

"缝合"对话框中选项说明如下。

（1）缝合输入类型　选择进行缝合的对象是片体还是实体。片体（图纸页）：用于缝合曲面。实体（实线）：用于缝合实体，要求两个实体具有形状相同，面积接近的重合表面。

（2）缝合公差　用于确定片体在缝合时所允许的最大间隙，如果缝合片体之间的间隙大于系统设定的公差，片体不能缝合，此时，需要增大公差值才能缝合片体。

10．修剪片体

"修剪片体"命令通过投影边界轮廓线对片体进行修剪。例如，要在一张曲面上挖一个洞，或裁掉一部分曲面，都需要用到曲面的裁剪功能，其结果是关联性地修剪片体。

操作步骤：单击图标按钮 或选择"插入"→"修剪"→"修剪片体"选项，弹出"修剪片体"对话框。目标片体：选择需要修剪的片体（曲面）；边界对象：选择作为修剪边界的曲线或边（多边形曲线）；投影方向：确定边界的投影方向，用来决定修剪部分在投影方向上反映在曲面上的大小，主要有垂直于面、垂直于曲线平面及沿矢量三种方式（选择垂直于曲线平面）；区域：用于选择需要剪去或者保留的区域（保留：修剪时所指定的区域将被保留；舍弃：修剪时所指定的区域将被删除）。如图 4-19 所示。

图 4-19　"修剪片体"对话框

4.2.2 任务实施

1. 绘制立体五角星的思路

1）创建正五边形，外接圆半径为100。
2）创建5条直线，构成平面五角星线框，然后修剪不需要的曲线。
3）创建一点，定位尺寸X、Y为0，Z为20。
4）分别将五边形五个顶点与该点用直线连接起来，构成立体五角星线架。
5）用"N边曲面"命令创建立体五角星。
6）创建直径为220的圆。
7）移动对象，将直径为220的圆移动-25。
8）用"有界平面"命令封闭直径为220的圆并修剪片体。
9）用直纹面创建圆柱面。
10）曲面缝合转换成实体。

2. 绘制立体五角星的操作步骤

（1）创建多边形　进入建模模块，在"曲线"工具栏中单击图标按钮，弹出"多边形"对话框，如图4-20所示。在"边数"文本框输入5，然后单击"确定"按钮；弹出如图4-21所示菜单，选择"外接圆半径"，进入下一个菜单，如图4-22所示，输入圆半径值100，单击"确认"按钮；弹出"点"对话框，如图4-23所示，确定原点后单击"确认"按钮。完成效果如图4-24所示。

图4-20　"多边形"对话框

图4-21　多边形类型选择菜单

图4-22　多边形参数菜单

图4-23　"点"对话框

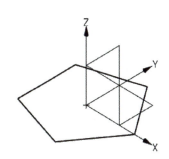

图4-24　五边形示意图

（2）绘制直线　单击"曲线"工具栏中"直线"按钮 ／，弹出"直线"对话框，分别用直线将五边形的端点和对边的两端点相连，得到如图 4-25 所示图形。

图 4-25　直线绘制五角星平面线框

（3）修剪曲线　单击"曲线编辑"工具栏中"修剪曲线"按钮 ，弹出"修剪曲线"对话框。首先选中五角星的一条边，如图 4-26 所示黑色虚线，作为"要修剪的曲线"，接着分别选择两条红色的边，作为"边界对象"进行修剪，依次对五条边分别进行修剪，最后完成效果如图 4-26 所示。

图 4-26　修剪曲线

（4）创建点　单击"特征"工具栏中"创建点"按钮 ＋，弹出"点"对话框，在 Z 值文本框内输入 20，单击"确认"按钮。完成后如图 4-27 所示。

（5）绘制五角星空间线架　单击"曲线"工具栏中"直线"按钮 ／，弹出"直线"对话框；分别绘制 5 条直线将五边形的端点和创建的点相连，得到如图 4-28 所示图形。

图 4-27　创建点　　　　　　　　　　　图 4-28　五角星空间线架

（6）创建五角星片体　单击"曲面"工具栏中"N 边曲面"按钮，弹出"N 边曲面"对话框。"类型"选"已修剪"，"UV 方向"选"面积"，然后顺序拾取三角形的三个边，完成一个三角面的创建。同理完成构成五角星的所有面创建（完成一个角的片体后，也可以用"移动"命令中"运动"方式，角度设为 72°，复制 4 份的方法完成五角星的所有面的创建；还可以通过特征阵列的方法完成五角星的所有面的创建）。得到如图 4-29 所示结果。

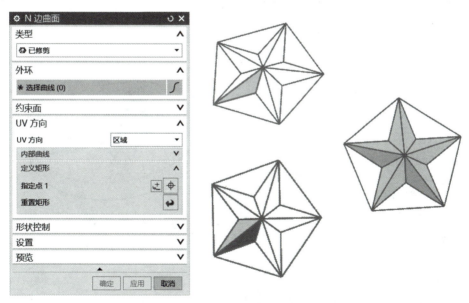

图 4-29　创建五角星片体

（7）创建圆盘线架

1）绘制 φ220 的圆。单击"曲线"工具栏中"圆弧/圆"按钮，弹出"圆弧/圆对话框"，选择"从中心开始的圆弧/圆"，选择原点为中心点；"限制"选项组选中"整圆"；"大小"选项组中"半径"输入值 110。隐藏五边形，得到如图 4-30 所示结果。

图 4-30　创建圆

2）创建下面的圆。单击主菜单中的"编辑"→"移动对象"按钮，弹出"移动对象"对话框，如图 4-31 所示。选择 1）步创建的整圆作为移动对象，选择-ZC 轴为移动方向，移动距离为 25，完成效果如图 4-31 所示。

图 4-31　移动对象创建下面的圆

（8）创建上平面

1）单击"曲面"工具栏中的"有界平面"按钮，弹出"有界平面"对话框。根据提示选择需要封闭的平面边界，并继续完成下一个圆的封闭，得到如图 4-32 所示效果。

图 4-32　创建上平面

2）修剪片体。单击"特征"工具栏中的"修剪片体"按钮，弹出"修剪片体"对话框。目标片体是 1）步所创建的有界平面（注意："区域"选项组如果为"保留"，则单击选择保留部分，如果为"舍弃"，则选择舍弃部分），边界对象选择五角星底面的 10 个边线，单击"确定"按钮，得到如图 4-33 所示效果。

图 4-33　修剪片体

（9）创建圆柱面　单击"曲面"工具栏中的"直纹"按钮，弹出"直纹"对话框，选择圆弧 1 为"截面线串 1"，单击鼠标中键确认，然后选择圆弧 2 作为"截面线串 2"，单击鼠标中键确认。完成效果如图 4-34 所示。

图 4-34　创建圆柱面

（10）创建下平面　单击"曲面"工具栏中的"有界平面"按钮，弹出"有界平面"对话框。根据提示选择需要封闭的平面边界，并继续完成下一个圆的封闭，得到如图4-35所示效果。

图4-35 创建下平面

（11）缝合　单击"曲面"工具栏中的"缝合"按钮 ，弹出"缝合"对话框，选择底面片体作为目标体，然后展开"工具"选项组，添加其他片体，单击"确定"按钮，完成缝合。缝合为一体后，可形成实体化模型。得到如图4-36所示的结果。

图4-36 曲面缝合

4.2.3 拓展任务（伞帽骨架及曲面建模）

完成如图4-37所示的伞帽骨架及曲面的建模，通过该实例主要掌握的命令有：圆及圆弧、曲线分割、移动、N边曲面等。

图4-37 伞帽

1．绘制思路

① 绘制主架；② 绘制伞边线框；③ 绘制曲面。

2. 绘制步骤（表 4-2）

表 4-2 伞帽建模步骤

步骤	绘制方法	绘制结果图例
1．绘制伞帽主架	1）绘制 R50 的圆，并分割成 5 段 2）绘制点（0,0,65） 3）绘制 R150 的圆弧 4）移动（旋转复制）	
2．绘制伞帽边线框	1）绘制 R30 的圆弧 2）移动（旋转复制）	
3．绘制曲面	1）N 边曲面创建伞帽面 2）有界平面（或直纹面）创建飞边 3）移动（旋转复制），完成建模设计	

4.2.4 实践任务

完成如图 4-38 和图 4-39 所示零件的线架及曲面建模。

图 4-38 管道

图 4-39 异形面框

4.3 任务2 异形面壳体线架及曲面建模

【教学目的】1. 掌握矩形、基本直线、圆及圆弧、椭圆、样条曲线等命令的应用与操作方法。
2. 掌握圆角、曲线连结、投影曲线、镜像曲线、曲线修剪等编辑命令的应用与操作方法。
3. 掌握通过曲线组、网格面、扫掠、曲面加厚等操作方法及应用。

【教学重点】综合运用各种命令绘制异形面壳体线架及曲面建模。
【教学难点】开拓构建思路及提高线框创建的基本技巧。

完成如图 4-40 所示的异形面壳体线架及曲面建模，壳体壁厚为 1mm，向内加厚。通过该实例主要掌握的曲线命令有矩形、直线、圆弧、圆角、快速修剪；曲面命令有直纹面和网格面、缝合、曲面加厚。

图 4-40 异形面壳体图

图 4-40 异形面壳体

4.3.1 知识链接

1. 矩形的绘制

单击"插入"→"曲线"→"矩形"命令或在"曲线"工具栏中单击图标按钮 ▭，打开"矩形"对话框。在空间创建矩形的方法为"指定两点画矩形"。打开"点"对话框，在该对话框 X、Y 文本框分别输入矩形的两个对角点的坐标值（或在绘图区用鼠标拾取两个对角点），单击"确定"按钮，完成矩形的创建。如图 4-41 所示。

图 4-41 绘制矩形

2. 基本曲线

单击"插入"→"曲线"→"基本曲线"命令或在"曲线"工具栏中,单击图标按钮 ,打开"基本曲线"对话框和跟踪条,如图 4-42 所示。在该对话框中包括了直线、圆弧、圆、圆角以及修剪、编辑曲线参数六个工具按钮。下面主要介绍直线和圆角功能。

图 4-42 "基本曲线"对话框

(1) 直线 在 UG NX 中,直线一般是指通过两点构造的线段。其在空间的位置由它经过的空间一点,以及它的一个方向向量来确定。作为一种基本的构造图元,在空间无处不在。两个平面相交时,可以产生一条直线,通过带有棱角实体模型的边线也可以产生一条直线。

1) 无界。选中该复选框,则创建的直线将沿着起点与终点的方向直至绘图区的边界。

2) 增量。选中该复选框,指定的值是相对于上一指定点的增量值,而不是相对于工作坐标系的值。

3) 点方法。该选项用于选择点的捕捉方式,以确定创建直线的端点(如端点、中点、交点、存在的点、圆弧的圆心点、圆的象限点以及通过点构造器创建点等)。

4) 线串模式。选中该复选框,以首尾相接的方式连续画曲线。若想终止连续线串,可单击"打断线串"按钮。

5) 锁定模式。激活该模式,新创建的直线平行或垂直于选定的直线,或者与选定的直线有一定的夹角。

6) 平行于。用于创建平行于 XC、YC、ZC 的直线。首先在平面上选择一点,然后选择 XC(或 YC/ZC),则可以生成平行于 XC(或 YC/ZC)的直线。

7) 按给定距离平行。用来绘制多条平行线。

① 原先的:表示生成的平行线始终相对于用户选定的曲线,通常只能生成一条平行线。

② 新建:表示生成的平行线始终相对于在它前一步生成的曲线,通常用来生成多条等距离的平行线。

8) 角度增量。其文本框用于设置角度增量值,从而以角度增量值的方式来创建直线。

(2) 圆角 圆角就是利用圆弧在两个相邻边之间形成圆弧过渡,产生的圆弧相切于相邻的两条边。圆角在机械设计中的应用非常广泛，它不仅满足了生产工艺的要求，而且还可以防止零件应力过于集中损害零件，延长零件的使用寿命。

在"基本曲线"对话框中，单击图标按钮, 切换至"曲线倒圆"对话框，如图 4-43 所示。

图 4-43 "曲线倒圆"对话框

在如图 4-43 所示对话框的"方法"选项组中，系统提供了三种倒圆角方式。

1）简单圆角。简单圆角用于共面但不平行的两直线间的圆角操作。步骤如下：

① 在"曲线倒圆"对话框中，单击按钮。

② 在"半径"文本框中输入圆角半径值，其余为默认选项。

③ 在两条曲线将要制作圆角处，单击鼠标左键确定圆心的大致位置，即可完成圆角制作，如图 4-44 所示。

图 4-44 简单圆角

2）两曲线圆角。与简单圆角类似，区别是两条线可以修剪也可以不修剪，而简单圆角是自动修剪。步骤如下：

① 在"曲线倒圆"对话框中，单击按钮。

② 在"半径"文本框中输入圆角半径值，其余为默认选项。

③ 依次选取第一条曲线和第二条曲线，最后，单击鼠标确定圆心的大致位置，如图 4-45 所示。

图 4-45 两曲线圆角

3）三曲线圆角。三曲线圆角是指同一平面上的任意相交的三条曲线之间的圆角操作（三条曲线交于一点的情况除外）。步骤如下。

① 在"曲线倒圆"对话框中，单击按钮 。

② 依次选取三条曲线。然后单击鼠标确定圆角圆心的大致位置，如图4-46所示。

图4-46　三曲线圆角

"曲线倒圆"对话框中其他选项介绍如下。

1）继承。该按钮用来继承已有的圆角半径值。单击该按钮后，系统会提示用户选取存在的圆角，选定后系统会将选定圆角的半径值显示在对话框的"半径"文本框中。

2）修剪第一条曲线。选中该复选框，倒圆角时将修剪选择的第一条曲线，反之则不会。

3）修剪第二条曲线。当选择两曲线圆角方式时，修剪第二条曲线；当选择三曲线圆角方式时，删除第二条曲线。即选中该复选框，将在倒圆角时修剪或删除选择的第二条曲线。

4）修剪第三条曲线。只有选择三曲线圆角方式时，该复选框才会被激活。选中该复选框，在倒圆角时，系统将修剪选择的第三条曲线。

3. 曲线连接

曲线连接是指将多段相连的曲线连接成一条曲线。

单击图标按钮 或选择"插入"→"来自曲线集的曲线"→"连接"选项，打开"连结曲线"对话框，选择要连接的曲线，单击"确定"按钮，系统弹出"连结曲线产生了拐角，要继续吗？"提示框，单击"是"按钮，完成曲线的连接。如图4-47所示。

图4-47　曲线连接

4．投影曲线

投影曲线是指将曲线投影到指定的面上，如曲面、平面和基准面等。

操作步骤：选择"插入"→"来自曲线集的曲线"→"投影"选项或在"曲线"工具栏中单击"投影"按钮，弹出"投影曲线"对话框。首先选择需要投影的曲线，单击鼠标中键确认，再选取曲面以进行投影，最后单击"确定"按钮或者鼠标中键完成投影。如图4-48所示。

图 4-48　投影曲线

5．镜像曲线

镜像曲线是指通过面或基准平面将几何图素对称复制的操作。

操作步骤：选择"插入"→"来自曲线集的曲线"→"镜像"选项或在"曲线"工具栏中单击"镜像曲线"按钮，弹出"镜像曲线"对话框。首先选择需要镜像的曲线，单击鼠标中键确认，再选择镜像平面或基准平面，单击鼠标中键确认，即完成镜像曲线操作，如图4-49所示。

图 4-49　镜像曲线

6．通过曲线组创建曲面

构造复杂曲面时，可先输入多个点，然后构成一系列样条曲线，再通过曲线构造曲面，这种方法构造的曲面通过每一条曲线。

（1）操作步骤　单击"通过曲线组"图标按钮或选择"插入"→"网格曲面"→"通过曲线组"选项，弹出"通过曲线组"对话框。依次选择每一条曲线（每选完一个曲线串，单击鼠标中键一次，该曲线一端出现箭头，注意各曲线箭头方向应一致），完成所有曲线选择；在"对齐"选项组中选择"参数"对齐方式；在"设置"选项组中确定 V 向阶次（建议输入 3）；单击"确定"按钮，得到如图 4-50 所示曲面。

图 4-50 通过曲线组创建曲面

 注意：如果输入曲线的第一条和最后一条恰好是另外两张曲面的边界，而且曲面与两张曲面在边界又有连续条件，用户可在"连续性"选项组中，确定起始与结束的连续方式（其中 G0 为无约束、G1 为相切连续、G2 为曲率连续）。单击"选择面"图标按钮，选择与之有约束的"第一截面"和"最后截面"，就能够控制在曲面拼接处的 V 方向为相切或曲率连续。

（2）对齐方式　"通过曲线组"命令构造曲面的对齐方式除前面介绍的"参数"和"根据点"对齐方式外，还有以下几种常见方式。

1）圆弧长。两组截面线和等参数曲线建立连接点，这些连接点在截面线上的分布和间隔方式是根据等弧长的方式建立的。

2）距离。以指定的方向沿曲线以等距离间隔分布点。

3）角度。绕一根指定轴线，沿曲线以等角度间隔分布点。

4）脊线。沿指定的脊线以等距离间隔建立连接点，曲面的长度受脊线限制。

7. 通过曲线网格创建曲面

通过曲线网格方法创建曲面是指使用两个方向的曲线来构造曲面，其中，一个方向的曲线称为主曲线，另一个方向的曲线称为交叉曲线。

通过曲线网格生成的曲面是双 3 次的，即 U、V 方向都是 3 次的。

由于是两个方向的曲线，构造的曲面不能保证完全通过两个方向的曲线，因此用户可以强调以哪个方向为主，曲面将通过主方向的曲线，而另一个方向的曲线则不一定落在曲面上，可能存在一定的误差。

操作步骤：单击图标按钮　或选择"插入"→"网格曲面"→"通过曲线网格"选项，弹出"通过曲线网格"对话框。选择主曲线：选择一条主曲线后，单击鼠标中键，该曲线一端出现箭头；依次选择其他的主曲线（注意每条主曲线的箭头方向应一致）。选择交叉曲线：在"交叉曲线"选项组中单击图标按钮，选择另一方向的曲线为交叉曲线，每选择完一条交叉曲线后，都要单击鼠标中键，然后再选择其他交叉曲线，全部选完交叉曲线后，单击"确定"按钮，曲面如图 4-51a 所示。

> **注意**：当曲面由三条曲线边构造时，可以将点作为第一条截面线或最后一条截面线，其余两条曲线作为交叉曲线。图 4-51b 所示为主曲线和交叉曲线的选择方法；图 4-51c 所示为通过曲线网格方式创建的曲面。

图 4-51 通过曲线网格创建曲面

8. 扫掠

扫掠曲面是指通过将曲线轮廓以预先描述的方式沿空间路径移动来创建曲面，移动的曲线轮廓称为截面线，指定的移动路径为引导线，即将截面线沿引导线移动扫描而成。它是创建曲面类型中最复杂、最灵活、最强大的一种，可以控制比例、方位的变化。

（1）引导线　扫掠路径称为引导线串，用于在扫掠方向上控制扫掠体的方位和比例，每条引导线可以由单段或多段曲线组成，但必须是光滑连续的。引导线的条数可以为 1～3 条。

（2）截面线　截面线串控制曲面的大致形状和 U 向方位。它可以由单条或多条曲线组成，截面线不必是光滑的，但必须是位置连续的。截面线和引导线可以不相交，截面线最多可以选择 400 条。

（3）脊线　脊线多用于两条非常不均匀参数曲线间的直纹曲面创建，此时直纹方向很难确定，它的作用主要是控制扫掠曲面的方位、形状。在扫掠过程中，在脊线的每个点处构造的平面称为截平面，它垂直于脊线在该点处的切线。

（4）方位控制（用于一条引导线）　截面线沿引导线移动时，一条引导线不能完全确定截面线在扫掠过程中的方位，需要指定约束条件来进行控制。

1）固定。当截面线移动时，截面线保持一个固定方位。

2）面的法向。截面线串沿引导线串扫掠时的局部坐标系的 Y 方向与所选择的面法向相同。

3）矢量方向。扫掠时，截面线串变化的局部坐标系的 Y 方向与所选矢量方向相同，用户必须定义一个矢量方向，而且此矢量决不能与引导线串相切。

4）另一条曲线。用另一条曲线或实（片）体的边来控制截面线串的方位。扫掠时截面线串变化的局部坐标系的 Y 方向由导引线与另一条曲线各对应点之间连线的方向来控制。

5）一个点。仅适用于创建三边扫掠体的情况，这时截面线串的一个端点占据一固定位置，另一个端点沿引导线串滑行。

6）角度规律曲线。有七种控制方式。如图 4-52 所示。

7）强制方向。将截面线所在平面始终固定为一个方位。

（5）缩放方法（用于一条引导线）　控制截面线沿引导线移动时的比例变化，UG 提供的比例控制功能如下。

1）恒定的。常数比例，截面线先相对于引导线的起始点进行缩放，然后在沿引导线移动过程中，比例保持不变，默认比例值为 1。

2）倒圆功能。控制圆角过渡比例，在扫掠的起点和终点处施加一个比例，介于二者之间部分的缩放比例按线性或三次插值变化规律进行缩放控制。

3）另一条曲线。类似于方位控制中的"另一条曲线"方式。

4）一个点。与"另一条曲线"方法类似。

5）面积规律。是指截面曲线围成的面积在沿引导线移动过程中用规律曲线控制大小。

6）周长规律。截面曲线的周长在沿引导线移动过程中用规律曲线控制长短。

操作步骤：单击图标按钮 或选择"插入"→"扫掠"→"扫掠"选项，弹出"扫掠"对话框。选择截面线，单击鼠标中键结束。单击"引导线"选项组中按钮，选择引导线，单击鼠标中键结束。其他选项默认。得到如图 4-53 所示的结果。

图 4-52 "角度规律曲线"控制方式　　　图 4-53 扫掠面

9. 曲面加厚

单击图标按钮 或选择"插入"→"偏置/缩放"→"加厚"选项，弹出"加厚"对话框。选择要加厚的曲面，在"厚度"选项组的"偏置 1"和"偏置 2"文本框中输入相应的值（注意：偏置值不能大于曲面的曲率半径），单击"确定"按钮，得到如图 4-54 所示的结果。

图 4-54　曲面加厚

4.3.2　任务实施

1. 异形面壳体线架及曲面建模的思路

① 创建矩形并约束矩形尺寸长 50，宽 75；② 移动矩形至 Z20；③ 创建直线连接每个矩形顶点；④ 创建右侧面曲线（移动对象、修剪、倒圆角、曲线连接）；⑤ 创建前后面圆弧，绘制半径分别为 80,100；⑥ 创建左面的圆弧曲线（圆弧、倒圆角、曲线连接）；⑦ 侧围面（直纹面）；⑧ 创建顶面（网格面）；⑨ 曲面缝合；⑩ 曲面加厚。

2. 绘制线框的操作步骤

（1）矩形的绘制　进入建模模块，在"曲线"工具栏中单击图标按钮 ，创建矩形的方法选择"指定两点画矩形"，出现"点"对话框。在该对话框中分别输入 X50，Y75，Z0；选定坐标及原点，单击"确认"按钮完成矩形绘制。如图 4-55 所示。

图 4-55　矩形

（2）创建上面的矩形　选择主菜单中的"编辑"→"移动对象"命令，出现"移动对象"对话框。在运动类型中选择"距离"，选定 Z 方向为矢量方向，在"结果"选项组中选择"复制原先的"并输入距离 20；最后单击"确定"按钮。平移后的结果如图 4-56 所示。

图 4-56　移动矩形

（3）直线的绘制　单击"曲线"工具栏中"直线"按钮，弹出"直线"对话框。如图 4-57 所示，分别将上、下两个矩形的顶点用直线连接。

（4）创建右侧面曲线

1）移动对象。选择主菜单中的"编辑"→"移动对象"命令，系统弹出"移动对象"对话框。在运动类型中选择"距离"，在"结果"选项组中选择"复制原先的"，根据图样的要求

图 4-57　直线的绘制

将线 1 向-Z 方向移动 10，将线 2 向 Y 方向移动 20，将线 3 向-Y 方向移动 20，得到如图 4-58 所示的结果。

2）修剪直线。选择主菜单中的"编辑"→"曲线"→"修剪"命令，系统弹出"修剪曲线"对话框，分别拾取要修剪的直线和边界线，得到如图 4-59 所示的结果。

图 4-58　移动直线

图 4-59　修剪直线

3）圆角过渡 R4。选择"插入"→"曲线"→"基本曲线"命令，系统弹出"基本曲线"对话框。在对话框中，单击圆角图标按钮，系统弹出"曲线倒圆"对话框。在该对话框中，单击"简单圆角"图标按钮，输入半径 4，用鼠标分别选择要过渡的四个角内侧。得到

如图 4-60 所示的结果。

图 4-60　圆角过渡 R4

4）将右侧面曲线连接成一条样条曲线。单击图标按钮 ，或选择"插入"→"来自曲线集的曲线"→"曲线连接"选项，打开"连结曲线"对话框，选择要连结的曲线，单击"确定"按钮，完成曲线的连结。如图 4-61 所示。

图 4-61　曲线连结

（5）前后面圆弧的绘制

1）创建工作坐标系，使圆弧所在的平面为 XC-YC 平面。主菜单选择"格式"→"WCS"→"动态" 命令，通过拖动小球，建立工作坐标系，如图 4-62 所示。

2）创建 R50 的凹圆弧。单击"曲线"工具栏中"圆弧/圆"按钮 ，弹出"圆弧/圆"对话框。选择"三点画圆弧"，分别选择两短边直线的端点作为圆弧的起点、终点，在"大小"选项组中输入圆弧半径值 50。单击"确定"按钮。得到如图 4-63 所示的结果。

图 4-62　创建工作坐标系　　　　　图 4-63　创建 R50 的凹圆弧

3)同理绘制后面的 R30 的凸圆弧。如图 4-64 所示。

（6）创建左面的圆弧曲线

1）创建 R25 和 R20 的圆弧。创建工作坐标系，使其 XC-YC 坐标平面与圆弧共面；用三点画圆弧方式创建 R25 和 R20 的圆弧（圆弧的起点、终点分别为直线的端点和中点），得到如图 4-65 所示的结果。

图 4-64 R30 的凸圆弧

图 4-65 R25 和 R20 的圆弧

2）隐藏上面的三条直线，并创建 R15 的过渡圆弧。选择"插入"→"曲线"→"基本曲线"命令，系统弹出"基本曲线"对话框。在对话框中，单击圆角图标按钮，系统弹出"曲线倒圆"对话框。在该对话框中，单击"两条曲线圆角"图标按钮，输入半径 15，分别拾取 R25 和 R20 的圆弧，再选择圆心大概位置，得到如图 4-66 所示的结果。

图 4-66 创建 R15 的过渡圆弧

3）将左侧面曲线连结成一条样条曲线。单击图标按钮或选择"插入"→"来自曲线集的曲线"→"连结曲线"选项，打开"连结曲线"对话框。选择要连结的曲线，单击"确定"按钮，完成曲线的连结。如图 4-67 所示，完成线架造型。

图 4-67 连结曲线

(7) 创建侧围面 单击"曲面"工具栏中的"直纹面"图标按钮■或选择"插入"→"网格曲面"→"直纹面"选项,弹出"直纹"对话框。选择线1,鼠标中键确认,再选择线2,单击"应用"按钮,完成右侧面的创建,用同样方法完成其他三个侧面的创建。如图4-68所示,完成侧围面创建。

图 4-68 创建侧围面

(8) 创建顶面 单击图标按钮■或选择"插入"→"网格曲面"→"通过曲线网格"选项,弹出"通过曲线网格"对话框。选择主曲线:选择右侧曲线,单击鼠标中键,该曲线一端出现箭头;再选择左侧曲线(注意每条主曲线的箭头方向应一致)。选择交叉曲线:在"交叉曲线"选项组中单击图标按钮■,选择前面圆弧,单击鼠标中键,再选择后面的圆弧,然后单击"确定"按钮。如图4-69所示,完成曲面建模。

图 4-69 创建顶面

(9) 曲面缝合 单击"曲面"工具栏中的"缝合"按钮■,或选择"插入"→"组合"→"缝合"选项,弹出"缝合"对话框。选择顶面片体作为目标体,然后单击"工具"选项组,添加其他片体，单击"确定"按钮，完成缝合。如图4-70所示。

图4-70　曲面缝合

（10）曲面加厚　单击图标按钮 或选择"插入"→"偏置/缩放"→"加厚"选项，弹出"加厚"对话框。选择要加厚的曲面，在"厚度"选项组中，"偏置1"输入1，"偏置2"输入0，方向向内，单击"确定"按钮，得到如图4-71所示的结果。

图4-71　曲面加厚

4.3.3　拓展任务（摩托车头盔三维线架及曲面建模）

完成如图4-72所示的摩托车头盔三维线架、曲面及摩托车头盔实体的建模。通过该实例主要掌握的命令有：直线、椭圆、样条曲线、艺术样条曲线、曲线修剪、曲线分割、曲线过渡圆角、拉伸片体、扫掠、镜像特征、修剪体、曲面加厚等。

图4-72　摩托车头盔

图4-72　摩托车头盔

1. 绘制草图思路

① 创建摩托车头盔线架；② 创建摩托车头盔曲面；③ 创建摩托车头盔实体。

2. 绘制步骤（见表 4-3）

表 4-3 摩托车头盔建模步骤

步骤	绘制方法	绘制结果图例
1. 摩托车头盔线架	1）创建工作坐标系，并绘制椭圆，椭圆中心为 (0,80,0)，长、短半轴分别为 185、170。如图 a 所示	a)
	2）创建工作坐标系，并绘制另一个椭圆，椭圆中心为 (0,80,0)，长、短半轴分别为 130、170。如图 b 所示	b)
	3）绘制两条直线，起点、终点分别为 (200,0,0)、(-200,0, 0) 和 (0,0,200)、(0,0, -200)。如图 c 所示	c)
	4）修剪曲线。如图 d 所示	d)
	5）经过椭圆弧的四个端点，绘制闭合的样条曲线。如图 e 所示	e)
	6）曲线分割。将闭合的样条曲线在椭圆弧的四个端点处分割成四段，将长轴是 185 的椭圆弧分割成两段。如图 f 所示	f)

项目 4　曲线曲面建模

（续）

步骤	绘制方法	绘制结果图例
1．摩托车头盔线架	7）绘制 1、2 两条直线和艺术样条曲线（自行设计）。如图 g 所示 8）在直线 2 和艺术样条曲线之间圆弧过渡 R30。完成摩托车头盔线架造型。如图 h 所示	g) h)
2．创建摩托车头盔曲面	1）扫掠。由一条截面线，三条引导线创建半个摩托车头盔曲面。如图 a 所示 2）镜像特征。创建另一半摩托车头盔曲面。如图 b 所示 3）曲面缝合。将两曲面缝合为一体 4）拉伸。得到片体 A。如图 c 所示	a) b) c)

（续）

步骤	绘制方法	绘制结果图例
2．创建摩托车头盔曲面	5）修剪体。以头盔曲面为目标体，用拉伸的片体 A 为工具体进行修剪，完成摩托车头盔曲面的创建。如图 d 所示	d)
3．创建摩托车头盔实体	1）隐藏所有的曲线和拉伸的片体，并修改颜色。如图 a 所示 2）曲面加厚。向内加厚 3，并隐藏曲面，完成摩托车头盔实体的创建。如图 b 所示	a) b)

4.3.4 实践任务

1．完成如图 4-73 和图 4-74 所示零件的线架及曲面建模。

图 4-73　零件 1

图 4-73　零件 1

图 4-74　零件 2

图 4-74　零件 2

2．参考图 4-75 所示设计水壶。

图 4-75　水壶

图 4-75　水壶

项目小结

本项目通过知识链接和任务实践深入浅出地介绍了 UG 软件曲线功能和曲面创建的操作知识。通过本项目的学习，掌握曲线绘制与编辑、曲面创建与编辑的方法，可以熟练使用"曲线"工具栏中直线、圆、圆弧、矩形、多边形、椭圆、样条曲线等曲线创建命令，倒圆角、制作拐角、曲线修剪等曲线编辑命令；"曲面"工具栏中直纹、通过曲线组、通过网格曲线、扫掠、修剪片体、曲面加厚、曲面缝合等曲面操作命令。掌握三维线架的创建、曲面创建、缝合实体等知识。在任务实践方面，应注重于通过范例来体会曲面图形的制作思路和步骤，学会举一反三。

项目考核

一、填空

1. 利用_____命令，可以将一条或多条曲线按一定矢量平移一定距离。
2. 圆弧和圆是构建复杂几何曲线的基本图素之一，其创建方式有两种，分别是_____、_____方法。
3. 分割曲线是将曲线分割成多个节段，各节段成为独立的操作对象。分割后原来的曲线参数_____。
4. 利用"圆弧/圆"命令绘制整圆时，将"圆弧/圆"对话框中，_____"整圆"选中，可以用"三点画圆"或"给定中心和半径画圆"两种方法画整圆。
5. _____是严格通过两条截面线串而生成的直纹片体，它主要表现为在两个截面之间创建线性过渡的曲面。
6. _____工具可以将曲线按一定的距离向指定方向偏置复制出一条新的曲线，偏置对象为封闭的曲线元素则将曲线元素放大或缩小。

二、选择题

1. 绘制艺术样条曲线的方法有（　　）。
   A．通过极点　　B．通过点　　C．拟合曲线　　D．与平面垂直
2. 下列四种建立曲面的命令中，可以设置边界约束的有（　　）。
   A．直纹　　B．有界平面　　C．通过曲线网格　　D．四点曲面
3. 可以将闭合的片体转化为实体，应采用下面的方法是（　　）。
   A．曲面缝合　　B．修剪体　　C．补片　　D．布尔运算-求和
4. 将一条已存曲线转换到一个曲面上去建立一新曲线，应采用下面的方法是（　　）。
   A．连结曲线　　B．曲线修剪　　C．曲线分割　　D．曲线投影
5. 当创建一个直纹曲面时，截面线串的数量最多是（　　）。
   A．3条　　B．2条　　C．不限制　　D．比阶次多1

三、判断题（错误的打×，正确的打√）

（　　）1．N边曲面是由多个相连接的曲线而生成的曲面，而且相连接的各段曲线必须首尾相连形成封闭。
（　　）2．有界平面是由在同一平面的封闭的曲线轮廓生成的平面，曲线轮廓可以是一条曲线，也可以是多条曲线首尾相连的封闭轮廓。
（　　）3．"基本曲线"对话框包括：直线、圆弧、圆、圆角以及修剪、编辑曲线参数六个工具按钮。
（　　）4．基本曲线中的圆角功能可以利用圆弧在两个相邻边之间形成圆弧过渡，产生的圆弧相切于相邻的两条边。
（　　）5．利用曲线修剪功能修剪曲线时，选择要修建的曲线时，应选择要保留的部位。
（　　）6．投影曲线功能只能将曲线投影到指定的平面上。
（　　）7．曲线投影功能只能将曲线沿投影面的法线方向投影。

四、问答题

1. 简述曲面创建的步骤。
2. 简述构造曲面的一般原则。
3. 简述扫掠曲面的含义。其引导线最多可以选几条？

五、上机操作题

1. 完成如图4-76和图4-77所示的线架和曲面建模。

图4-76　零件1

图4-76　零件1

图 4-77 零件 2

2. 参考 4-78 所示设计咖啡壶。

图 4-78 咖啡壶

项目 5 部件及产品的虚拟装配

一部机械产品往往由成千上万个零件组成，装配就是把加工好的零件按一定的顺序和技术要求连接到一起，成为一个完整的产品，并且能可靠地实现产品设计的功能。

装配模型是表达机器或部件的三维实体模型，可以帮助使用者了解机器或部件的机构特征，为安装、检验和维修提供技术资料。所以创建装配模型是零部件设计、制造、使用、维修和技术交流的重要技术文件之一。

装配设计模块是 UG NX 中的一个非常重要的模块，该模块能够将产品的各个零部件快速组合在一起，形成产品的整体结构。由于在零部件组合过程中模拟了真实装配工作中的次序及配合关系，因此这种在软件中完成的模拟装配过程又被称为虚拟装配。虚拟装配与参数化设计、相关性一样是大型三维 CAD/CAE/CAM 集成软件系统的重要技术特点。

此外，在该模块中还允许对装配模型执行间隙分析、质量管理，以及将装配机构引入到装配工程图等操作。

【能力目标】

1. 掌握 UG NX 虚拟装配的方法。
2. 能够完成较复杂机构的虚拟装配操作。

【知识目标】

1. 虚拟装配的概念。
2. 装配约束的使用。
3. 自下而上的装配过程。
4. 自上而下的装配过程。
5. 爆炸图的操作。

【素养目标】

1. 培养学生分析、归纳、解决问题的综合能力，以及细致、认真的工作精神。
2. 培养全局观和大局意识，通过产品装配进一步加强集体意识和团队合作精神的培养。

5.1 装配基础知识

5.1.1 装配建模界面介绍

在 UG NX 中进行装配操作，首先要进入装配界面，如图 5-1 所示。选择"开始"→"装配"选项。

进入装配环境后，会发现在工具菜单中多了一个"装配"工具栏，同时在装配导航器中出现了装配体的文件结构及相关文件信息。

"装配"工具栏中常用按钮及使用方法介绍如下。

（1）添加组件　可以使用已有零件文件或新建零件文件建立子一级装配。

（2）移动组件　可以通过对零件的拖曳进行零件的初始定位，以方便后续的精确定位。

（3）装配约束　这是虚拟装配中的核心功能，通过该功能可以模拟真实场景来定义零部件间的几何位置关系及配合方式，主要包括同心、对齐、平行等，从而实现与真实产品一样的精确定位及配合。

（4）WAVE 几何链接器　WAVE 是针对装配级的一种技术，是参数化建模技术与系统工程的有机结合，提供了实际工程产品设计中所需要的自顶向下的设计环境。

（5）装配导航器　列出了装配文件中重要的相关信息，如图 5-2 所示。

图 5-1　虚拟装配操作界面

1）装配结构树：除了列出了装配体中的所有文件之外，还表达了装配结构的父子关系。用户可以直接在结构树上选择需要编辑的零部件，并可以使用各种快捷方式对文件进行操作。

2）已修改：该列表示文件的状态，如果文件已经被编辑但没有保存，即会有标记显示，如图中的 dau_nc_base、dau_nc_hinge2×2 文件即处于这种状态。

3）数量：列出总装配体和每个部件包含的所有零部件数量。

图 5-2　装配导航器

4）引用集：列出了所有零部件所使用的引用集种类。

5.1.2　虚拟装配的概念

要了解虚拟装配的技术内容并能够熟练使用装配模块中的各种功能，必须要了解必要的基本概念。

UG NX 的虚拟装配是指通过真实的装配关系在部件之间建立约束关系，以确定部件在装配体中的准确位置。在装配中，无论如何编辑装配体或在何处编辑装配体，整个装配体中各个部件都保持关联性，如果某个部件修改，则引用的装配体将自动更新。

设计一个虚拟装配模型主要包括两个步骤：首先确定装配体的成员及其装配关系，这个过程实际上是确定该装配体框架的工作；然后根据该框架将所需的零件模型集中到一个 UG NX 文件中，并根据已经确定的框架来定义这些零件模型的位置关系，得到所需的产品。

1．装配结构树

在工程设计中，装配是根据规定的技术条件和精度，将零件组合成组件，并进一步结合成部件以至整台机器的过程，这个过程中的零件关系可以用树状结构图来表达，如图 5-3 所示。这种树状结构图可以称之为装配结构树，该装配结构树就是装配体的框架。

图 5-3　树状结构图

根据不同零部件在装配结构树中的位置，可分为多个层级，自上而下依次为装配体、部件、组件、零件。装配结构树的结构是灵活的，处于每一分支的最底层一定是一个单独的零件，整个装配结构树的最顶层可以被称为总装配体，中间的级数可以根据产品的实际情况来确定，最少是两级，最大级数不限。

一旦完成了装配结构树的构建，零部件之间就建立了父子关系，因此在设计过程中不应出现逻辑性混乱。如图 5-4 所示，B 已经被定位为 A 的下一级部件，如果再将 A 添加到 B 的下面，软件就会报错，并拒绝执行。

2．装配约束

在装配体中，每个成员都应该有一个唯一指定的位置，不同成员之间可能会存在一定的位置关系，施加装配约束的过程就是限制每个零件模型的自由度、确定其位置的过程。在三维空间包括六个自由度，通常来讲需要将这六个自由度全部进行限制，但有些特殊产品需要保留部分自由度，如轴和轴套之间就要保留旋转方向的自由度，如图 5-5 所示。

图 5-4　装配树中的父子关系

图 5-5　零件之间的位置约束

5.1.3　虚拟装配的文件结构

装配体的文件结构与单独的零件文件有很大的不同，零件只是一个单独的文件，而装配体是多个文件。装配结构树里的每一个文件都应该有一个对应的.prt 文件，为了方便使用，这些文件应该存放在一个文件夹里，如图 5-6 所示。

对于每一个单独的零件，都会有一个唯一的.prt 文件与之相对应，而对于在不同位置重复使用的零件，如螺栓、销钉等标准件，则是每种规格的标准件对应一个.prt 文件。这里要特别注意以下两点。

1）装配结构树里的文件名称一定要和文件夹里的文件名称一致，不要在文件夹里随意改变文件名称，否则将无法正确调用。

图 5-6　虚拟装配文件结构

2）每个文件在设计过程中可能会产生不同的版本，此时一定要在文件名称中将版本号体现出来，否则可能会出现文件版本调用错误，从而导致在实际生产过程中产生错误。

另外对于最上一级的总装配文件，可以采用以下两种形式。

1）文件中不包含任何几何特征元素，只有零部件之间的约束关系的记录。

2）以一个产品的某一个零件为最上一级装配文件，将其他文件附加在它身上，这样总装配文件中既有几何特征元素，又有约束关系的记录。例如，可以将某一机器的底座作为总装配体。

5.1.4　虚拟装配的主要建模方法

在进行虚拟装配建模时，根据添加组件的方式不同可以分为两种基本的建模方式：自下而上装配和自上而下装配。

（1）自下而上装配的步骤　首先完成所有零件的建模工作，然后利用"添加组件"命令，将所有零件分别添加到装配中，并设置约束，确定各组件在装配中的位置。这是一个"凑零为整"的过程，如图 5-7 所示。

（2）自上而下装配的步骤　首先创建一个新的模型文件，该文件就是将来装配体文件中级别最高的总装配体文件，然后利用"新建组件"命令，创建下层级别的文件，完成装配结构树的搭建。创建下层级别文件时，可以是一个空文件，也可以从父级模型中选择所需的几何特征。这是一个"化整为零"的过程，如图 5-8 所示。

图 5-7　自底向上的装配流程　　　　图 5-8　自上而下的装配流程

在实际设计过程中，并不是单纯地选择一种装配方式完成全部过程，通常是混用以上两种装配方式。实际的产品设计流程如下。

1）产品总体设计。在这个过程要确定产品的总体结构、关键参数。这时主要是概念设计，还不需进行建模工作，装配结构树的框架就是这部分工作的结果之一。

2）关键部件设计。这部分工作就是要根据总体设计时确定的参数和框架进行一些关键零部件的建模工作，这些零部件通常都是非标准件。这时比较多的是采用自上而下的设计方法。

3）细节设计。这是设计的收尾阶段，对于机械产品来说通常需要将螺栓、弹簧、齿轮、销钉等一些已有的标准零部件添加进来，所以这时通常是采用自下而上的设计方法。

无论采用哪种装配方式，最重要的都是先要设计好装配结构树的框架，这是装配建模的核心内容。

5.2 任务1　脚轮自下而上的装配

【教学目的】1．掌握自下而上装配方法。
　　　　　2．掌握零件定位方法。
　　　　　3．掌握虚拟装配的零部件操作方法。
【教学重点】综合运用各种装配命令完成自下而上的装配操作。
【教学难点】掌握装配定位的技巧。

5.2.1　知识链接

1．添加组件

"添加组件"命令 可将已有的零件实体文件添加到装配文件中，"添加组件"对话框如图 5-9 所示，添加的过程中要对零件的定位、引用集、放置图层等选项进行设置。

2．定位

可以用绝对原点、选择原点、通过约束、移动四种方式来对添加组件进行初始定位，如图 5-10 所示。

图 5-9　"添加组件"对话框

图 5-10　添加零件"定位"选项

（1）绝对原点　使新添加组件的绝对坐标系与装配文件的绝对坐标系重合，来进行零件定位。

（2）选择圆点　在屏幕上选择一个点，使该点与添加组件的坐标系原点重合，对零件进行定位。

（3）通过约束　选择该方式，将在调入零件后直接进入装配约束环境，对新添加零件进行精确的定位。

（4）移动　选择该方式，将在调入零件后直接打开"移动组件"对话框，然后利用鼠标拖曳来改变组件的位置和角度。

3. 引用集

每一个实体模型中都包含大量的几何元素，这些几何元素可以分为实体、曲线、曲面、基准等几大类，引用集的作用就是控制装配各组件时装入计算机内存的数据量，防止图形混淆和加载大量的参数，从而提高运行速度。引用集默认的选项是"模型"，那么在装入组件时只会将实体类特征装入内存，避免将曲面、曲线、基准等元素载入。如果选择"整个部件"，则会将组件的全部数据调入内存。如果选择"空"，则该部件只会出现在装配导航器中，而不会在屏幕上显示，如图 5-11 所示。

在设计过程中，可以随时根据需要对引用集进行替换。如添加组件使用的是默认的 Model 引用集，只显示实体特征；如果需要使用该组件的基准特征，只需在装配导航器中选择该组件，然后在"装配"工具栏中单击"替换引用集"的下拉箭头，在下拉菜单选择"整个部件"，即可显示组件中的所有几何元素。同样，如果为了操作方便不想显示某个组件，只需将其引用集改为"空"即可。

4. 图层选项

包括"原始的""工作"和"按指定的"三种选项，默认为"原始的"，如图 5-12 所示。

5. 装配约束

"装配约束"命令用于定义零件之间的位置关系。如图 5-13 所示，装配约束的类型包括接触对齐、同心、距离、平行、垂直等，是装配过程中最重要的功能。

图 5-11　引用集选项

图 5-12　图层选项

图 5-13　"装配约束"对话框

5.2.2　任务实施

进行自下而上的装配建模流程如下。

① 完成所有零件的设计。

② 分析并确认零件之间的位置关系，制定装配工艺。

③ 按装配工艺的顺序调入零件文件。

④ 按位置关系添加约束条件。

下面以脚轮为例进行说明。

如图 5-14 所示，脚轮包括五个零件，分别是支架 1、销轴 2、脚轮 3、垫片 4、插销 5。该产品的装配流程应该是：先将脚轮 3 放

图 5-14　脚轮装配图

入支架 1，并将轴心对齐，然后插入销轴 2，将其固定；再将插销 5 从上面插入到支架的孔里，中间放上垫片 4。

整个产品中零件之间常用的定位关系以同轴为主，脚轮与支架之间、销轴与另外两个零件，都要通过同轴来定位。其次是面与面之间的距离，脚轮端面与支架之间、销轴的端面与支架之间，都要有一定的间隙，这样才能保证脚轮的运动功能。

完成以上分析工作后，可以开始进行装配建模的操作。

分步装配过程如下。

第一步：建立一个总装配文件 assemble.prt，该文件中不包含任何几何特征，仅记录装配关系。

第二步：装入 1 号零件 cdt_fork_caster.prt。

在"装配"工具栏单击"添加组件"按钮，弹出"添加组件"对话框。在该对话框中单击"打开"按钮，在弹出的"文件"对话框中找到 cdt_fork_caster.prt。"定位""引用集"和图层等选项均按默认设置，单击"ok"按钮，此时会出现组件预览窗口，确认文件无误后单击"确定"按钮，即可完成文件添加，如图 5-15 所示。

作为基体零件，需要对其施加"固定"约束，这样就可以固定其位置，保证在后续的装配过程中不发生偏移。

添加约束需要单击"装配"工具栏中的"装配约束"按钮，打开"装配约束"对话框。从中选择"固定"约束，如图 5-16 所示。

图 5-15　加入已有零件

图 5-16　固定零件

第三步：装入脚轮并进行约束。

按照第二步方法装入脚轮文件 cdt_wheel_caster.prt。注意装入时定位选项设置为"选择原点"，将脚轮放置在支架附近，如图 5-17 所示。

打开"装配约束"对话框，选择"接触对齐"，然后分别选择脚轮的轴心和支架的孔心，进行"同轴"约束，如图 5-18 所示。

选择"接触对齐"，然后分别在两个实体上选择需要对齐的面，单击"确定"或"应用"按钮后即可完成约束。

接触对齐包括四个子模式，分别如下。

1）首选接触。自动判断对齐方式。

项目 5　部件及产品的虚拟装配

图 5-17　加入脚轮

图 5-18　"同轴"约束

2）接触 ▶◀。这是面对面的对齐方式。

3）对齐 ▮▮。这是一种平行的对齐方式。

4）自动判断中心/轴 ▭。可对回转体零件进行同轴对齐。

分别测量脚轮的宽度和支架中间的宽度，确定之间的间隙值，如图 5-19 所示。然后在脚轮端面和支架内表面之间进行"距离"约束，如图 5-20 所示。完成脚轮与支架约束的结果如图 5-21 所示。

图 5-19　测量距离

图 5-20　添加"距离"约束

图 5-21　完成约束

第四步：装配销轴。

调入销轴零件，同样施加"同轴"和"距离"约束，如图 5-22、图 5-23 所示。

图 5-22　添加销轴

图 5-23　约束销轴

第五步：装配插销部件。

打开插销零件文件 cdt_shaft_caster.prt，然后将垫片零件 cdt_spacer_caster.prt 调入，如图 5-24 所示，并对这两个零件施加"同轴"和"面接触"约束，即完成了小部件的装配，如图 5-25 所示。

第六步：装入插销部件。

通过窗口切换重新回到 assemble.prt 文件，在添加组件时选择插销零件 cdt_shaft_caster.prt，调入的零件是刚刚完成的小部件，如图 5-26 所示。对该部件施加"同轴"和"面接触"约束，即完成了整个部件的装配，如图 5-27 所示。

注意观察装配导航器和约束导航器有什么变化？如图 5-28、图 5-29 所示。

图 5-24　插销和垫片　　　　　图 5-25　插销部件

图 5-26　添加插销部件　　　　图 5-27　最终产品

5.2.3　拓展任务（齿轮轴的装配）

完成如图 5-30 所示齿轮轴的装配，装配过程见表 5-1。

图 5-28　装配导航器　　图 5-29　约束导航器　　图 5-30　齿轮轴的装配

表 5-1　齿轮轴的装配

步骤	操作内容	所用约束	简图
1	1）新建文件 2）安装轴零件	绝对原点	
2	安装键	1）面与面接触对齐 2）"距离"约束	

(续)

步骤	操作内容	所用约束	简图
3	安装齿轮	1）同轴接触对齐 2）面与面"距离"约束 3）面与面"平行"约束	
4	安装轴承组件	1）同轴接触对齐 2）面与面"接触"约束	

5.2.4 实践任务（齿轮泵的装配）

完成如图 5-31 所示齿轮泵的装配。

图 5-31 齿轮泵的装配

5.3 任务 2 夹钳自下而上的装配

【教学目的】1．掌握自下而上装配方法。
　　　　　　2．掌握零件定位方法。
　　　　　　3．掌握虚拟装配的零部件操作方法。
【教学重点】综合运用各种装配命令完成自下而上的装配操作。
【教学难点】掌握装配定位的技巧。

5.3.1 知识链接

1．编辑部件

将组件添加到装配体以后，同样可以对该装配体中的各个组件进行各种编辑操作，这种编辑既可以是对组件整体的操作，如组件的删除、属性编辑、抑制等，也可以对组件的几何特征进行编辑，并保持关联性。

在装配导航器中选择需要编辑的组件后单击鼠标右键，即可弹出编辑快捷菜单，如图 5-32 所示。常用的组件编辑方式如下。

1）删除。在删除组件时，可以选择是否同时删除与之相关的约束关系，如图 5-33 所示。
2）替换引用集。
3）抑制。
4）属性。

图 5-32　部件编辑右键快捷菜单

图 5-33　部件删除

2．部件属性

在快捷菜单中选择 "属性"选项，可以打开"组件属性"对话框，在这里可以定义或编辑零件的各种属性，如图 5-34 所示。如零件名称、材质、规格代号等，这些属性信息可用于自动生成产品明细表或用于 PDM 系统数据库。

3．工作部件与显示部件

完成装配的组件还可以进行几何实体特征的编辑，这时需要将组件设为工作部件或显示部件。

如果设为工作部件，该零件即成为当前活动零件，部件导航器中会显示其几何特征列表，可以对其进行编辑，而其他零件变成灰色，不可选择或编辑。如图 5-35 所示。

图 5-34　"组件属性"对话框

图 5-35　设置为工作部件

如果设为显示部件，则会离开装配体的文件环境，进入到所选部件的工作环境。此时相当于单独打开该部件,可以使用所有实体操作命令对其进行编辑。完成编辑后,在装配导航器单击鼠标右键,选择"显示父项",然后单击其上级组件名称,即可回到上级装配体文件环境中,如图 5-36 所示。

 注: 同一零件多次装配时,所有零件使用的都是一个源文件,如果对其中一处的零件进行了编辑,相当于对源文件进行了修改,安装在其他位置的零件会同时发生变化。

4. 编辑约束

随着装配建模工作的进行,随时都会发现已有的一些约束关系有问题,就需要对有问题的约束进行编辑。这时可以在装配导航器的"约束"列表中找到有问题的约束,单击鼠标右键,在弹出的快捷菜单中选择需要的编辑命令,如图 5-37 所示。

图 5-36　设置为显示部件　　　　　　　图 5-37　编辑约束

例如,本节的实例中,3 号零件端部与 4 号零件距离太小,工作时可能发生干涉,如果将 3 号零件的位置向图 5-38 所示下方移动一点就可以解决此问题。

先在装配导航器中找到定位 3 号零件的约束关系,需要修改的是其中的"距离"约束,在右键快捷菜单中选择"编辑",然后在弹出的"编辑"对话框中将"距离"数值改为"-0.1in",此时与 4 号零件之间的距离增大了,安全性就提高了,如图 5-39 所示。

图 5-38　分析约束　　　　　　　　图 5-39　编辑距离

除了修改数值外,还可以改变约束类型,例如,此例还可以将"距离"约束转换为"接触"约束,这样相当于原来"距离"约束中的距离值变成了"0",同样可以起到避免干涉的作用,如图 5-40 所示。

5. 组件的阵列与镜像

在产品装配设计过程中,经常会遇到包含线性或环形阵列分布的螺栓、销钉等需要定位的组件,还有很多产品都是呈镜像对称的,在进行这类设计时可以使用组件的阵列和镜像功能,以提高设计的效率。

(1) 组件的阵列 在"装配"工具栏的"添加组件"下拉菜单中选择"创建组件阵列"命令，在"类选择"列表中选择需要阵列的组件，确认后即打开"阵列组件"对话框，如图 5-41 所示。

图 5-40 约束转换

组件阵列包括三种方式，分别是参考、线性、圆形。

1）参考。要求实体中包含使用"对特征使用图样"命令生成的特征，这时可以直接继承图样特征的参数进行阵列，如图 5-42 所示。

图 5-41 组件阵列　　　　　　　　　　图 5-42 参考阵列

2）线性。根据设定的方向和间距创建一个二维组件阵列。

确定线性阵列方向有四种方法，"面的法向"和"基准平面的法向"类似，使用选择的平面或基准面的法向作为阵列方向，如图 5-43 所示。"边"和"基准轴"方式类似，可以选择实体棱边或基准轴来定义阵列的方向。

图 5-43 线性阵列

3）圆形。将对象沿轴线执行圆周均匀阵列操作，需要先选取旋转轴，再定义角度和数量，即可完成阵列，如图 5-44 所示。

如果需要对已有的组件阵列进行编辑，需要在装配导航器中双击要进行编辑的"组件图样"下的组件，修改相应的参数即可，如图 5-45 所示。

(2) 组件的镜像 在"装配"工具栏的"添加组件"下拉菜单中选择"镜像装配"命令，打开"镜像装配向导"对话框，如图 5-46 所示。

"镜像装配向导"对话框不同于其他对话框，是一种向导式的对话框，只需要根据提示一步一步地进行就可以了。

图 5-44　圆形阵列

图 5-45　编辑阵列

1）单击"下一步"按钮，根据提示选择需要进行镜像的组件，完成后再单击"下一步"按钮，如图 5-47 所示。

图 5-46　组件镜像装配向导

图 5-47　选择组件

2）这时需要选择镜像的对称平面，可以选择已有平面，也可以单击对话框中的"创建基准平面"按钮，打开"基准平面"对话框，根据需要新建一个基准平面。完成平面创建后单击"下一步"按钮，如图 5-48 所示。

3）选择镜像方式。可以分别选择需要镜像的组件，定义其镜像方式是"重用和重定位"、"关联镜像"还是"非关联镜像"，确认后单击"下一步"按钮，如图 5-49 所示。

图 5-48　选择镜像面

图 5-49　选择镜像方式

4）此时出现的是最后调整界面，可以对前面设定的定位方式、对称平面、关联方式等选项进行调整，确认无误后单击"完成"按钮，即可结束镜像操作，如图 5-50 所示。

图 5-50　完成镜像

5.3.2　任务实施

下面以夹钳的自底向上的装配过程为实例（图 5-51），讲解常用装配命令的使用方法。

件号	名称	数量
1	dau_nc_crank	1
2	dau_nc_arm	1
3	dau_nc_shaft	1
4	dau_nc_link	1
5	dau_nc_ramrod	1
6	dau_nc_base	1
7	dau_nc_smasher_plate	1
8	dau_nc_hinge2	2
9	dau_nc_mount	1

图 5-51　夹钳的装配

图 5-51　夹钳装配图

图 5-51 所示为夹钳装配图及零件明细表。首先应该按零件明细表将所有 9 种零件的实体模型文件准备好，并存放在同一文件夹内，然后开始进行装配工作。先仔细观察装配图，了解产品结构、运动方式、使用方法。了解了这些内容之后，需要制定一个装配工艺，装配工艺的主要内容包括装配的顺序和零件之间的定位关系，该过程跟真实生产的装配过程是一样的。

根据观察装配图，可以发现 6 号零件与 9 号零件共同构成了夹钳的底座，是所有零件中体积最大的一个，在产品工作过程中不产生运动。通常装配建模都是先将这样的零件装入并固定其位置，作为其他零件的装配基础，这也符合实际装配工作的流程。

该产品的工作方式是人工转动 1 号零件，然后通过 2 号零件、4 号零件组成的连杆机构将动力传递给 5 号零件，最后由 5 号零件推动 7 号零件完成工作。

通过以上分析可以确定装配顺序为 6 号、9 号、8 号、7 号、3 号、1 号、2 号、5 号、4 号。整个产品中零件之间常用的定位关系包括面与面之间的贴合、轴与孔的同心，其中最重要的是 5 号零件前端半圆头与 7 号零件表面的相切关系。

完成以上分析工作后，可以开始进行装配建模的操作。

分步装配过程如下。

第一步：建立一个总装配文件：dau_nut_cracker_assm_mated.prt，该文件中不包含任何几何特征，仅记录装配关系。

第二步：装入 6 号零件 dau_nc_base.prt。

在"装配"工具栏单击"添加组件"按钮，即弹出"添加组件"对话框。在该对话框中单击"打开"按钮，在弹出的"文件"对话框中找到 dau_nc_base.prt，单击"ok"按钮。出现组件预览窗口，确认文件无误后单击"确定"按钮，即可完成文件添加，如图 5-52 所示。

图 5-52 添加底座

按照默认的选项将 dau_nc_base.prt 零件添加到装配体里，作为基体零件，需要对其施加"固定"约束，这样就可以固定其位置，保证在后续的装配过程中不发生偏移。

第三步：按照第二步的操作装入 9 号零件，并进行接触对齐定位，如图 5-53 所示。

图 5-53 接触对齐

在 6 号零件和 9 号零件之间，可以通过三组面与面之间的"接触对齐"约束方式实现完全约束。对于其他两组面应该选择"对齐"约束方式，否则会出现方向的错误。这时可以看到在装配导航器中出现了"约束"列表，记录了已有的约束关系。可以从这个列表中对约束关系进行选择、编辑、删除等操作。

第四步：装入 8 号零件。8 号零件共有 2 件，组合在一起构成了一幅合页。

依旧按照添加组件方式添加 dau_nc_hing2.prt 零件，不同的是要将"重复"数量设为 2，定位方式设为"选择原点"。然后在屏幕上选择一点，即可完成组件的添加。如图 5-54 所示。

此时在装配导航器中出现两个 8 号零件，而在屏幕工作区域里只有一个实体，这是因为两个零件位置重叠在一起的结果，如图 5-55 所示。

图 5-54 同时添加两个零件

图 5-55 零件位置重叠

可以通过"移动组件"命令将这两个实体分开,并拖曳到准确的装配位置附近。单击"装配"工具栏的"移动组件"按钮,可打开"移动组件"对话框,如图 5-56 所示。先通过装配导航器或在屏幕上选择要移动的零件,然后在对话框中单击"指定方位"按钮,出现动态坐标系,利用该坐标系即可进行零件的重定位。

1)用鼠标选定坐标箭头并拖动,零件按坐标方向平移。
2)用鼠标选定坐标原点处的大球并拖动,零件按拖动方向整体移动。
3)用鼠标选定两根坐标轴之间的小圆球并拖动,零件可以旋转。

先将这两个 8 号零件拖动到图 5-57 所示的位置,然后即可用装配约束进行精确定位。

先用 3 组"接触对齐"约束完成对一片合页的定位,如图 5-57 所示。然后对第二片合页进行定位。此时定位不再是与 6 号零件之间的定位,而是两片合页之间的定位。另外第二片合页是能够转动的活动零件,因此要保留一个方向的自由度,而不是完全定位,因此只需一个面对面对齐、一个同轴对齐约束即可,如图 5-58 所示。

图 5-56 移动组件

图 5-57 接触对齐定位

第五步:装入 7 号零件。7 号零件需要与第二片合页进行完全约束。完全约束需要两个"面对面"约束、一个 "对齐"约束即可,如图 5-59 所示。

图 5-58 不完全约束

图 5-59 完全约束

第六步:装入 3 号零件。通过分析知道,3 号零件是一个两端被削平的销轴,插入 9 号零件端部的孔中,并同时连接 1 号、2 号零件。这时这些零件平面之间不应再是对齐贴紧的关系,应该保留一定的间隙,以保证灵活运动,因此,这些面与面之间应该采用"距离"约束方式,在定位之前应先确定间隙数值,如图 5-60 所示。

图 5-60 测量距离

通过测量得知，9 号零件孔的长度为 1.25in，而 3 号销轴与之配合的圆柱部分长度为 1.5in，均匀分配间隙，每侧间隙值应为 0.125in。按此值定义"距离"约束，如图 5-61 所示。

3 号零件与 9 号零件只需一个"同轴"、一个"距离"约束即可，旋转方向应保留一个自由度。

图 5-61 "距离"约束

> **注意**：进行"距离"约束时，可以用正负号来控制距离的方向。另外，如果将距离值设为 0，此种约束方式可以代替"对齐"约束使用。

第七步：安装 1 号零件，并与 3 号零件进行约束定位。装入 3 号零件后发现其位置和方向与工作位置都有很大差距，因此先用"移动组件"命令将其移到正确位置附近，如图 5-62 所示。

图 5-62 移动手柄

1 号、3 号零件需要进行完全约束，三个约束分别是"同轴""对齐"和"平行"，在防止转动平面上需要使用"平行"约束 ，如图 5-63 所示。

第八步：安装 2 号零件。与 1 号零件类似，2 号零件在另一端与 3 号销轴应完全约束。

依然是先用"移动组件"命令将 3 号零件移动到大概位置，然后进行装配约束。约束与 1 号零件类似，不同之处是端面采用"距离"约束，初步将距离值定为 0.2in，该数值在后面的装配过程中可能需要进行调整，如图 5-64 所示。

图 5-63 约束手柄　　　　　　　　图 5-64 装配约束

第九步：安装 5 号零件（推杆）。该零件也需要 3 个约束，先是与 6 号零件中心孔的"同轴"约束，如图 5-65 所示。

第二个是其上表面与 6 号零件底面的平行约束，如图 5-66 所示。

图 5-65　推杆"同轴"约束　　　　　　　　图 5-66　推杆"平行"约束

第三个是其端部球面与 7 号零件平面的"接触"约束，这是本产品中最重要的一个约束，如图 5-67 所示。

第十步：安装 4 号零件（连接板），该零件也需要完全约束，并且需要与 5 号零件、2 号零件分别进行约束。首先是与 5 号零件之间的"同轴"约束，如图 5-68 所示。

图 5-67　推杆"接触"约束　　　　　　　　图 5-68　安装连接板

然后分别测量一下 5 号零件中间空间的宽度和 4 号零件的厚度，均匀分配间隙后确定 5 号零件与 4 号零件表面之间的间隙应该是 0.0625in，利用该数值定义"距离"约束，如图 5-69 所示。

图 5-69　测量距离并进行距离约束

最后定义 4 号零件与 2 号零件之间的"同轴"约束。

完成约束后用俯视图观察，连杆机构处间隙均匀，不需要调整。如果有干涉现象，就需要对前面的"距离"约束数值进行调整，如图 5-70 所示。

此时所有零件的装配工作就全部完成了，可以通过"移动组件"命令来模拟一下夹钳的运动，验证装配的准确性。具体操作如下：单击"移动组件"按钮，选择 1 号手柄零件，然后使其绕 ZC 轴进行旋转，看看效果如何。

如果随着 1 号零件的转动可以将动力通过连杆机构驱动 5 号零件在水平方向往复运动，并带动 7 号零件板摆动，说明装配关系正确，如图 5-71 所示。

图 5-70 完成约束并进行微调

图 5-71 验证装配结果

通过以上的装配过程可以得到如下结论。

1)装配建模过程中的分析工作是最重要的,既包括装配前的分析,也包括装配过程中的分析,只有通过准确的分析,才能保证装配过程的清晰和装配关系的正确。

2)装配的顺序和约束的方式不是唯一的。

5.3.3 拓展任务(线杆座的装配)

自下而上装配如图 5-72 所示线杆座,装配过程见表 5-2。

表 5-2 线杆座的装配

步骤	操作内容	所用约束	简图
1	1)新建文件 2)安装滚轮组件	1)同轴接触对齐 2)面与面"距离"约束	
2	安装本体和底盘	1)面与面接触对齐 2)同轴接触对齐 3)环形阵列	
3	安装滚轮组件	1)面与面接触对齐 2)同轴接触对齐 3)矩形阵列	
4	滚轮组件阵列	组件环形阵列	

图 5-72 线杆座装配爆炸图

5.3.4 实践任务(平口钳的装配)

按图 5-73 所示进行平口钳的装配。

图 5-73 平口钳装配

5.4 任务 3 冲裁模自上而下的装配

【教学目的】1. 掌握自上而下装配方法。
2. 了解 WAVE 技术的应用。
【教学重点】自上而下装配的建模思路。
【教学难点】WAVE 技术的应用。

自上而下的装配方法是一种全新的装配方法，更符合现代制造业系统化、专业化的生产方式。

5.4.1 知识链接

图 5-74、图 5-75 所示为自上而下生产流程的运作方式，该方式具有以下几个优点。

图 5-74 产品开发流程

1）容易实现产品的标准化、系列化。
2）容易实现规模化生产，降低产品成本。
3）容易实现专业化生产，降低每个环节的技术含量。
4）可以实现并行生产，缩短生产周期。
在这种生产方式的引导下，核心技术会越来越集中在少数垄断性公司手里，而世界各国的制造水平和制造成本会逐渐缩小差距,最终实现全球经济一体化。

图 5-75　自上而下生产流程

1. 装配流程

自上而下装配包括两种方法。

（1）自上而下装配方法 1　这种方法比较简单。先建立一个模型文件,该文件中不包含任何几何对象,然后使用"装配"工具栏中的"新建组件"命令 ,根据需要逐级创建下级子文件,最终完成装配结构树的搭建,再分别使用"工作组件"或"显示组件"命令对每一零件进行详细设计。

例如,根据图 5-76 中所示的装配结构树在 UG NX 中进行自上而下文件结构设计。

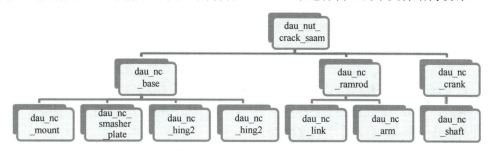

图 5-76　自上而下装配结构树

第一步：新建一个模型文件 dau_nut_cracker_assm。

第二步：单击"装配"工具栏中的"新建组件"按钮 ,输入文件名称 dau_nc_base,弹出"新建组件"对话框。如果需要从父一级文件中分配几何特征到新文件里,可以直接选择所需特征,可以根据需要设置图层、引用集、组件原点等选项,并可以选择是否在父一级文件中保留所分配特征的原对象。如果不分配特征,只建立空文件的话可以直接确定,新的文件就会出现在下一级,如图 5-77 所示。

第三步：重复第二步的操作建立其他两个第二级的组件文件。

第四步：将 dau_nc_base 设为工作部件,然后利用新建组件创建 dau_nc_mount 文件,如图 5-78 所示。

第五步：重复第四步操作,新建 dau_nc_hinge2 和 dau_nc_smasher_plate 文件,然后在 dau_nc_hinge2 文件名称处单击鼠标右键,在快捷菜单中选择"复制"选项,在 dau_nc_base 文件名称处单击鼠标右键,在快捷菜单中选择"粘贴"选项,即可出现两个 dau_nc_hinge2 文件,如图 5-79 所示。

图 5-77　新建一级组件

图 5-78　新建二级组件

第六步:分别将其他两个第二级文件设为工作部件,并为其添加下一级文件。

这样便按照装配结构树的设计完成了零件结构的搭建,如图 5-80 所示,接下来可以分别对每个零件进行特征设计。

图 5-79　复制二级组件

图 5-80　完成装配结构树

(2)自上而下设计方法 2　这种方法是先建立一个模型文件,并进行特征设计,当特征框架设计完成后,使用"新建组件"命令建立下级零件文件,并把每个零件需要的特征"分配"给该零件,这是一个"化整为零"的过程。

例如:先建立一个 ass.prt 文件,并按图 5-81 所示创建实体特征。然后使用"新建组件"命令分别建立 A.prt、B.prt 两个下级文件,在创建组件 A 时选择圆柱,在创建组件 B 时选择导套,如图 5-82 所示。

图 5-81　特征建模

图 5-82　特征分配

　注意:在新建组件之前应先用移除参数将特征消参,否则在分配特征并删除原对象时会因为参数关联而删除相关特征。

2. WAVE 链接

在一个装配体中，不同零件之间存在着很多几何形状和几何尺寸的关联，其中一些简单的尺寸关联可以用前面讲过的参数关联来实现，而一些复杂的尺寸或形状的关联就不能用参数来控制了，此时必须要用到 WAVE 技术。

WAVE（What-if Alternative Value Engineering）是在 Unigraphics（简称 UG）上进行的一项软件开发，是一种实现产品装配的各组件间关联建模的技术。于 1997 年在 UG13.0 正式推出，到 V14 进入实用阶段。UG NX 在 2003 年推出 NX2 版本，WAVE 技术已发展到更为成熟和实用阶段。

回顾 CAD 技术的发展历史，如果说上一次 CAD 业界重大变革是 20 世纪 80 年代的参数化建模，那么 WAVE 就是当前 CAD 技术最新的、最具戏剧性的重大突破。WAVE 通过一种革命性的新方法来优化产品设计，并可定义、控制和评估产品模板。参数化建模技术是针对零件一级的，而 UG NX/WAVE 是针对装配级的一种技术，是参数化建模技术与系统工程的有机结合，提供了实际工程产品设计中所需要的自上而下的设计环境。

目前，在欧美和日本等发达国家已经广泛采用 CAD/CAM 一体化设计，并将传统汽车车身设计的周期从过去的 5～8 年整整缩短一半，取得了极大的经济和社会效益。然而，随着汽车工业的快速发展和人们生活水平的极大提高，用户对汽车的要求也越来越高，从追求性能优越、耐久可靠到乘坐舒适和驾驶安全，目前已发展到追求个性化的车身外形，这无疑是对汽车大批量生产方式的挑战，同时也对汽车车身设计的技术和方法提出了更高的要求。

为了提高企业的产品更新开发能力，缩短产品的开发周期，UG NX 适时地推出了带有革命性的、全新的产品参数化设计技术 WAVE，它是真正的自上而下的全相关的产品级设计系统，是参数化造型设计与系统工程的有机结合。

WAVE 技术起源于汽车车身设计，采用关联性复制几何体方法来控制总体装配结构（在不同的组件之间关联性复制几何体），从而保证整个装配和零部件的参数关联性，最适合于复杂产品的几何界面相关性，产品系列化和变型产品的快速设计。

WAVE 是在概念设计和最终产品或模具之间建立一种关联的设计方法，能对复杂产品（如汽车车身）的总装配设计、相关零部件和模具设计进行有效的控制。总体设计可以严格控制分总成和零部件的关键尺寸与形状，无须考虑细节设计；而分总成和零部件的细节设计对总体设计没有影响，并无权改变总体设计的关键尺寸。因此，当总体设计的关键尺寸修改后，分总成和零部件的设计自动更新，从而避免了零部件的重复设计的浪费，使得后续零部件的细节设计得到有效的管理和再利用，大大缩短了产品的开发周期，提高了企业的市场竞争能力。

首先根据产品的总布置要求和造型定义该产品的总体参数（又称全局参数）；其次定义产品各大总成和零部件间的控制结构关系（类似于装配结构关系），这种控制结构关系使得产品设计的规则和标准具体化；第三步再建立产品零部件（子系统、子体）间的相关性。从而就可以通过少数的总体或全局参数来定义、控制和更改产品设计，以适应快速的市场变化要求。

例如，对轿车来说，车门数、轴距、车身长是全局参数，如果这些总体参数的其中一个发生了改变，无疑都要引起该产品的从上向下的整个变动。这种更改和对新方案的评估，在采用传统的设计方案时，需要消耗大量的人力、物力和时间。采用 UG NX/WAVE 技术，当某个总体参数改变后，产品会按照原来设定的控制结构、几何关联性和设计准则，自动地更新产品系统中每一个需要改变的零部件，并确保产品的设计意图和整体性。WAVE 技术可把概念设计与详细设计的变化自始至终贯穿到整个产品的设计过程中。实际上 WAVE 的技术原理同样也适用于工程分析、模具设计和制造中。可以说，WAVE 是对 CAD 领域的一场全新的革命。

（1）WAVE 的优点

1）产品设计更加方便快捷。

2）数据的关联性使装配位置和精度得到严格的技术保证（甚至可以不建立配对约束）。

3）易于实现模型总体装配的快速自动更新，当产品控制几何体（装配级）修改后，相关组件的细节设计自动更新，并为缩短设计周期创造了条件。

4）是概念设计与结构设计的桥梁。概念设计初步完成，细节设计便可同时展开，使并行工程优势得以最大程度的发挥。

5）易于实现产品的系列化和变型产品的快速设计。

6）极大地减少了设计人员重复设计的浪费，大大提高了企业的市场竞争能力。

7）产品设计管理极为方便高效。

（2）WAVE 的主要功能

1）相关的部件间建模（Inter-part Modeling）：WAVE 的最基本用法。

2）自上而下设计（Top-Down Design）：用总体概念设计控制细节的结构设计。

3）系统工程（System Engineering）：采用控制结构方法实现系统建模。

（3）WAVE 的应用

1）定义装配结构和零部件细节设计。

2）制订计划。

3）对概念设计进行评估。

（4）WAVE 操作实例 1

第一步：新建 WAVE_1.prt 模型文件，然后创建一条封闭样条曲线，如图 5-83 所示。

图 5-83　绘制曲线

第二步：使用"新建组件"命令创建 WAVE_1 下一级的零件 WAVE_part1.prt，并将其设为工作部件，然后打开"装配"工具栏中的"WAVE 几何链接器"对话框，利用"复合曲线"选项，选择 WAVE_1.prt 中的样条曲线，WAVE_part1.prt 的部件导航器中会出现"链接的复合曲线（1）"，如图 5-84 所示。

图 5-84　关联复制曲线

第三步：使用这条链接的曲线拉伸一个实体特征，如图 5-85 所示。

第四步：将 WAVE_1.prt 设为工作部件，通过极点编辑样条曲线，确认后观察一下 WAVE_part1.prt 中的实体特征变化，如图 5-86 所示。

图 5-85　利用关联复制的曲线拉伸实体

图 5-86　编辑原始曲线

(5) WAVE 操作实例 2

第一步：继续在 WAVE_1.prt 文件中创建一个六边形，然后使用"连接曲线"命令 将其连成一根曲线，如图 5-87 所示。

第二步：将 WAVE_part1.prt 设为工作部件，然后在部件导航器中双击"链接复合曲线(1)"，打开"WAVE 几何链接器"对话框。先用〈Shift〉+鼠标左键取消对样条曲线的选择，然后选择六边形曲线，如图 5-88 所示。

图 5-87　绘制新曲线

图 5-88　替换曲线

第三步：确认后观察变化情况，如图 5-89 所示。

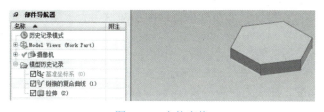
图 5-89　实体变换

在 WAVE 几何链接器中，除了可以实现对曲线的链接，还可以对实体、草图、曲面等多种几何特征进行链接。

5.4.2　任务实施

模具的设计过程如下。

1) 必要的工艺计算，如凸模、凹模工艺尺寸；冲裁力、压料力等；凸模、凹模的结构尺寸；模具闭合高度及行程等。
2) 进行模具整体布局草图设计，如上、下模基准平面；模具长、宽、高分配等。
3) 细节设计，整体布局确认后对每一个零件进行详细设计。
4) 标准件安装，将螺钉、销钉、导柱、导套等标准零部件安装到指定位置。
5) 细化、整理，完成最终设计。

模具零件设计的顺序是"从里到外"进行的。即首先以冲压工件为依据进行模具中间核心零件的设计（凸模、凹模）；然后设计周边和工件接触的零件（卸料板、定位零件等）；最后设计其他结构零件。

综上所述，在利用 NX 软件进行模具设计时，应该采用自上而下和自下而上相结合的方法进行设计。即把模具零件分成标准零件和非标准零件两大部分，标准零件（螺栓、销钉、弹簧、导柱、导套等）应该都是已经存在的文件，只需按照设计要求选择合适的规格进行安装就行，这是属于自下而上的设计。非标准零件应该以需要进行冲压的零件为依据，进行设计，然后再将其生成独立的零件，构建装配结构树，这是一个自上而下的建模过程。

注意，在模具设计过程中，始终要以冲压零件为基础，凸模、凹模的轮廓线、型面都要与其保持一致，因此在使用 NX 软件进行模具设计过程中经常会用到 WAVE 技术，这样可以实现冲压零件控制模具零件的作用，保证形状的一致性。使用 NX 进行模具结构设计时操作流程如下。

1）整理设计依据，即冲压零件的曲线、曲面等数据，要保证曲线可以用于拉伸实体，曲面可以用于裁剪实体。

2）进行模具整体布局设计，主要是根据闭合高度、上下模位置等工艺参数创建相关的基准平面。

3）利用自上而下设计思路，根据"由里到外"的设计流程，进行非标准零件的设计，在设计与冲压零件相关的模具零件时需要使用 WAVE 技术实现几何相关。

4）对凸模固定板、垫板等结构零件进行详细设计，主要是布置螺钉、销钉位置，并进行特征细化。

5）按照自下而上的设计思路，选择所需规格的标准件，将其装配到指定的位置。

6）文件整理、细化，完成设计。

下面结合具体实例进行设计。冲压零件排样图如图 5-90 所示。

1. 必要的工艺计算

压力中心、闭合高度、冲裁力、卸料板行程、凸模高度、凹模轮廓尺寸等。闭合高度 H=235mm，凸模高度=85mm，凹模 L=114mm，凹模 B=140。

2. 整理设计依据

打开冲压零件的数据文件 paiyang.prt，使用"曲线连接"命令，将冲裁轮廓线连成一整根曲线，并保证能够拉伸实体。

3. 创建装配文件结构，进行模具布局设计

1）新建一个 zp.prt 文件，分别在 Z=0、Z=-90、Z=145 处创建 3 个基准平面，其中 Z=-90 的平面为下模底面基准，Z=145 的基准平面为上模底面基准。

图 5-90　冲压零件排样图

2）使用装配模块中的"添加组件"命令，将 paiyang.prt 文件装配到指定位置，其中冲压中心与基准坐标系原点重合。

3）使用"新建组件"命令创建 sm.prt、xm.prt 部件，然后分别在 sm.prt 下新建 sdianban.prt、tumo.prt、mubing.prt、tmgudingban.prt、xieliaoban.prt、smz.prt 文件，在 xm.prt 下新建 xmz.prt、aomu.prt、db.prt 文件，即完成了模具主要文件装配结构的搭建，如图 5-91 所示。

4）将 xm.prt 设为工作部件，使用"WAVE 几何链接器"命令 将 Z=-90 处的基准平面抽取到下模，再将 sm.prt 设为工作部件，将 Z=145 处的基准平面抽取到上模，如图 5-92 所示。

图 5-91　冲模文件结构布局

图 5-92　WAVE 的基准平面

4．非标准零件设计

这部分设计有两种方法，下面分别进行介绍。

（1）方法一　分别使用 WAVE 几何链接器将冲裁轮廓曲线抽取到 tumo.prt、tmgudingban.prt、xieliaoban.prt、aomu.prt，用于这些零件刃口部分的建模，然后针对这些零件进行建模。

1）凸模。直接使用冲裁轮廓曲线拉伸生成凸模，注意拉伸高度设置是从-3～82，-3 是冲裁刃口的刃入量，如图 5-93 所示。

图 5-93　凸模

2）卸料板。先将抽取过来的冲裁曲线向外偏置 0.2，这是因为卸料板和凸模之间要有一定的间隙，如图 5-94 所示。然后绘制一个矩形草图，并用该草图和上一步偏置的曲线拉伸实体，如图 5-95 所示。

图 5-94　曲线偏置

图 5-95　拉伸卸料板本体

3）凸模固定板。使用 WAVE 几何链接器将凸模上平面抽取过来，如图 5-96 所示。使用该平面创建一个矩形草图，然后用这个草图和上一步抽取过来的平面边界进行拉伸，即得到凸模固定板实体，如图 5-97 所示。

图 5-96　抽取曲面

图 5-97　拉伸凸模固定板

4）凹模。凹模的生成过程和卸料板相似，即先将冲裁曲线向外偏置，偏置距离为刃口间隙值。然后用矩形草图和偏置后的曲线共同生成凹模本体。最后要将刃口曲线向外偏置 3，向下挖出落料孔，如图 5-98 所示。

完成这四个主要零件建模后，从标准件库找到所需规格的标准模架，并安装，如图 5-99 所示。然后将中间空档位置生成垫板实体，即完成整体布局的设计，如图 5-100 所示。

图 5-98　生成凹模

图 5-99　完成整体布局

（2）方法二　直接在 paiyang.prt 文件中，按照指定的结构尺寸完成凸模、凹模、凸模固定板、卸料板这四个关键零件的建模工作，使用"文件导出"命令，分别将这四个零件导出到 tumo.prt、tmgudingban.prt、xieliaoban.prt、aomu.prt 文件中，然后再装配模架，生成垫板，如图 5-101 所示。

以上两种方法，各有优缺点。

方法一操作比较复杂，关联较多，但相关性好，如果冲压零件尺寸、形状有改变，所有相关零件都能进行自动更新。

方法二操作简单，但在文件导出时会消除参数，导出后的零件没有相关性，一旦冲压零件有修改，改动量比较大。

5. 设计螺钉、销钉位置，标准零件安装

整体布局完成后即可布置螺钉、销钉的安装位置。在布置位置时也可以设置关联，如凸模固定板与卸料板之间的长螺栓位置，凸模固定板与垫板之间的螺钉、销钉位置，凹模与垫板之间的螺钉、销钉位置。

位置布置好后就可以使用"打孔"命令 完成螺钉孔、销钉孔的制作，然后从标准件库中找到合适规格标准零件，装配到正确的位置，如图 5-102 所示。

图 5-100　添加垫板

图 5-101　四个关键零件

图 5-102　设计结果

6. 文件整理

主要设计工作完成后要进行最后的检查整理工作，主要工作如下。
1) 检查冲压零件与模具型腔的一致性。
2) 核对工艺计算的准确性。
3) 检查模具结构的合理性，模具操作的便利性。
4) 按照企业文件规范对文件命名、图层分配、颜色设置进行检查。

图 5-102　冲裁模具

5.4.3　拓展任务（弯曲模的装配）

1. 使用自上而下的方法完成弯曲模装配文件结构的建立

操作提示：新建 zp.prt，然后使用"新建组件"命令 ，按图 5-103 所示建立文件结构。

图 5-103　弯曲模具

图 5-103　弯曲模具文件结构

2. 使用 WAVE 链接技术完成如图（5-103）所示弯曲模的装配

弯曲模的装配见表 5-3。

表 5-3　弯曲模的装配

步骤	操作内容	简图
1	1）新建 zp.prt 文件 2）装配 zhijian1.prt 文件 3）新建组件 aomu.prt、tumo1.prt	
2	使用 WAVE 几何链接器将弯曲模分别抽取到凸模、凹模文件	
3	分别将凸模、凹模设为工作部件，利用抽取过来的弯曲模轮廓线设计凸模、凹模	
4	设计其他零件	

5.4.4　实践任务（拉伸模的装配）

完成如图 5-104 所示拉伸模的装配。

图 5-104　拉深模具

图 5-104　拉深模具结构及零件图

项目小结

　　虚拟装配是 UG NX 建模模块中的重要组成部分，通过该模块，可以掌握更多 UG NX 高级功能的应用方法，并且更深一步地体会 UG NX 软件相关性的内涵。

在虚拟装配中,自下而上的装配方法是必须掌握的基础知识,自上而下的装配和 WAVE 链接难度相对较大,可作为拓展知识进行学习。

如果想要准确、快速地完成装配设计,合理的约束关系是必不可少的,因此装配约束是本项目的核心内容。

项目考核

一、填空题

1. 使用_____模块能够将产品的各个零部件快速组合在一起,形成产品的整体结构。
2. 在装配中,无论如何编辑装配体或在何处编辑装配体,整个装配体中各个部件都保持_____,如果某个部件修改,则引用的装配体将自动更新。
3. 在装配体中,每个成员都应该有一个唯一指定的位置,不同成员之间可能会存在一定的位置关系,施加_____的过程就是来限制每个零件模型的自由度,确定其位置。
4. 在进行虚拟装配建模时,根据添加组件的方式不同可以分为两种基本的建模方式:_____装配和_____装配。
5. 组件阵列包括三种方式,分别是_____、_____、_____。
6. UG NX 装配中的几何元素之间的相关性主要是通过_____技术来实现。
7. 在装配体中如果想对某个零件进行编辑,可以将其设为_____或_____,即可进行特征操作。

二、选择题

1. 装配部件由_____构成。
   A. 组件和子装配　　　　　　　　B. 部件和组件
   C. 部件和子装配　　　　　　　　D. 单个部件和子装配
2. _____装配方法用于添加以前设计的组件到一个装配体中。
   A. 自下而上　　　　　　　　　　B. 自上而下
   C. 自上而上　　　　　　　　　　D. 自下而下

三、判断题（错误的打×,正确的打√）

(　　) 1. 在装配导航器中也可以查看组件之间的定位约束关系。
(　　) 2. 在装配中可对组件进行镜像或阵列操作。
(　　) 3. 已存在"配对条件"的装配文件,再使用"定位约束"命令添加配合关系会出错。
(　　) 4. 使用 WAVE 几何链接器时,WAVE 的几何对象将不会随源对象的更改而更改。

四、问答题

1. 简述自上而下装配的两种可行方法。
2. 简述工作部件和显示部件的区别。

五、上机操作题

1. 装配轴承,如图 5-105 所示。

2. 装配滑轮鞋，如图 5-106 所示。

图 5-105 轴承的装配

图 5-106 滑轮鞋的装配

项目 6　工程图设计

UG NX 中的工程图是建模模块中的一个重要组成部分，主要作用是使用已有的三维实体模型，按照机械制图相关规范，创建出符合相关行业规范的二维图样。

利用 UG NX 工程图模块所创建的二维图样与三维模型是完全相关的，即三维模型有任何改动，都会同步反映在二维图样上。二维图样中的所有线条，都是根据投影规范自动生成的，设计者不能随意改动这些线条的线型、线宽等参数。

利用 UG NX 工程图模块，既可以创建零件图样，也可以创建装配体的装配图。

【能力目标】

1. 熟练掌握常用视图的创建方法与步骤。
2. 熟练掌握工程制图标注，掌握各种标注方法的应用。

【知识目标】

1. 工程制图首选项的设置。
2. 工程制图环境的进入与设置。
3. 常用视图的创建、编辑。
4. 工程制图标注。

【素养目标】

1. 培养学生思考、创新及实现设想的综合能力。
2. 培养学生认真的工作态度和贯彻标准规范的能力。
3. 培养学生主动分析和寻求解决在实现目标道路的过程中遇到的各种问题。

6.1　工程图设计基础知识

UG NX 工程图的创建流程见表 6-1。

表 6-1　工程图创建流程

步骤	工作内容	操作要点
1	创建工程图	选择图纸大小规格、视图比例、尺寸单位（毫米、英寸）、投影方式（第一角法、第三角法）
2	视图投影	投影主视图（前视图、俯视图、左视图等）、合理布局
3	补充、细化视图	生成所需的剖视图、局部放大图等
4	尺寸、精度标注	尺寸及公差的标注、几何公差的标注、表面粗糙度的标注
5	文本标注	技术条件、标题栏、零件清单等必要的文字说明

6.1.1 创建工程图

UG NX 中的工程图有两种文件存在方式，一种是非独立文件，另一种是独立文件，本节分别对这两种文件进行介绍。

1．非独立文件

这种工程图样没有单独的一个文件，它是和实体模型文件作为一个整体存在的。在创建这种工程图时，需要首先打开对应的实体模型文件，然后在"开始"菜单中切换到工程图模块环境，如图 6-1 所示。

图 6-1 工程图模块

单击"新建图纸页"按钮，即弹出"图纸页"对话框，如图 6-2 所示。

在确认之前，应该根据实际需要选择视图的相关参数，主要有如下几个。

（1）图纸幅面 可以使用已有模板，也可以使用标准尺寸的空白模板，还可以自定义图幅尺寸的大小。

（2）比例 确定投影视图时的默认缩放比例。

（3）单位 这是标注尺寸时所显示的数字的单位，可选毫米或英寸。

（4）投影方式 目前常用的有第一角法投影和第三角法投影两种，我国机械制图规范采用的是第一角法投影。

选择好这些选项，单击"确定"按钮，即进入图纸页面，部件导航器中会出现该图纸页，如图 6-3 所示。

2．独立文件

独立文件方式可通过新建文件时选择图样方式来建立，如图 6-4 所示。这时会为图样单独建立一个文件，但这个文件要和指定的三维文件建立关联。

确认后会直接进入图样模式，从装配导航器可以看到二维图样文件和三维模型文件之间的层级关系，如图 6-5 所示。

以上两种工程图样的文件方式中，第一种更为常用，它可减少文件的数量，操作较为便捷。

3．图纸页的编辑

当图纸页生成之后，还可以通过部件导航器，在图纸页处通过右击鼠标，在快捷菜单中，选择"编辑图纸页",如图 6-6 所示,打开"图纸页"对话框,从中修改图纸大小、比例、单位等系统变量。

图 6-2 "图纸页"对话框

图 6-3 图纸页特征

图 6-4 新建图样文件

图 6-5 文件关系

4. 制图首选项

选择菜单 首选项(P) → 制图(D)... 命令,系统弹出图 6-7 所示的"制图首选项"对话框,该对话框的功能如下。

1) 设置视图和注释的版本。
2) 设置成员视图的预览样式。
3) 设置图纸页的页号及编号。
4) 更新视图和边界、显示抽取边缘的面及加载组件的设置。

5）保留注释的显示设置。

6）设置断开视图的断裂线。

通过首选项的设置，可以预设图样生成的工作环境及默认参数，从而提高工作效率及质量。

注意：一般企业对工程图格式规范要求都比较明确、严格，因此在创建工程图之前，要将首选项中的各个选项设定好。与工程图相关的首选项主要包括制图首选项、视图首选项、注释首选项。

图 6-6　编辑图纸页

图 6-7　"制图首选项"对话框

6.1.2　视图投影

图纸页生成后接下来就要进行视图投影、图纸布局，"图纸"工具栏命令按钮如图 6-8 所示。

进行视图投影时应首先观察三维模型，选择一个主视图。选择"基本视图"命令，打开"基本视图"对话框，如图 6-9 所示，选择所需的视图，摆放到合适的位置，如图 6-10 所示。

图 6-8　"图纸"工具栏

图 6-9　"基本视图"对话框

图 6-10　俯视图

基本视图包括八种：前视图、俯视图、左视图、右视图、仰视图、后视图、正等测视图和正二测视图。

投影主视图后，可以通过"投影视图"命令，根据主视图来投影其他所需的视图，如图 6-11 所示。

完成视图投影后，所有视图都会出现在部件导航器里，如图 6-12 所示。如果需要修改某个视图的显示方式，可以在该视图上单击鼠标右键，在快捷菜单中选择"设置"，即可打开视图"设置"对话框，编辑视图的角度、比例、显示方式等参数，如图 6-13 所示。

图 6-11　投影其他视图

图 6-12　所有视图出现在部件导航器里

在创建工程图之前，最好先进行预设置，这样可以减少很多的编辑工作，提高工作效率。"设置"对话框中各选项的功能说明如下。

（1）截面线　控制剖视图的剖面线。

（2）着色　用于渲染样式的设置。

（3）螺纹　用于设置图样成员视图中内、外螺纹的最小螺距。

（4）基本/图纸　用于设置基本视图的装配布置、小平面表示、剪切边界和注释的传递。

（5）局部放大图　用于显示控制视图边界的颜色、线型和线宽。

（6）继承 PMI　用于设置图样平面中几何公差的继承。

图 6-13　"设置"对话框

（7）船舶设计线　用于对船舶设计线的设置。

（8）常规　用于设置视图的比例、角度、UV 网格、视图标号和比例标记等选项。

（9）隐藏线　用于设置视图中隐藏线的显示方法。其中的相关选项可以控制隐藏线的显示类别、显示线型和粗细等。

（10）可见线　用于设置视图中的可见线的颜色、线型和粗细。

（11）光顺边　用于控制光顺边的显示，可以设置光顺边缘是否显示以及设置其颜色、线型和粗细。

（12）虚拟交线　用于显示假想的相交曲线。

（13）追踪线　用于修改可见和隐藏跟踪线的颜色、线型和深度，或修改可见跟踪线的缝隙大小。

（14）展平图样　用于对钣金展开图的设置。

6.1.3　补充、细化视图

为了能够完整、准确地表达模型的结构，只有几个投影视图是不够的，还需要创建一些剖视图来表达产品内部的情况。有时还需要一些局部放大视图来详细表达产品细节处的形状和尺寸，因此在完成主视图的投影后，可根据需要来生成剖视图和局部放大图，如图6-14所示。

图6-14　视图布局

生成视图时，每一个视图都会有一个边界，可以通过"制图首选项"→"制图"→"视图"→"工作流"中的"边界"复选框来控制视图边界是否显示，如图6-15所示。

默认的视图边界是矩形，如果想更改某一视图的边界可以在部件导航器中选择"视图"，然后单击鼠标右键，在弹出的快捷菜单中选择"边界"，如图6-16所示，即可打开"视图边界"对话框，如图6-17所示，从中可对视图边界的样式进行编辑。

图6-15　"制图首选项"对话框

图6-16　视图快捷菜单

当用鼠标左键选中某一视图的边界时，可以拖曳视图进行移动。在视图移动过程中，会自动捕捉其他视图并与其对齐，如图6-18所示。

所需的视图生成后，就要进行视图的布局。视图布局要合理、美观，还要留出尺寸标注的空间。

在生成剖视图、局部放大图时，会自动生成一些剖切或放大符号，这些符号也会对图样的美观及准确产生一定的影响，这些符号可以通过"视图标签"和"截面线"首选项进行设定，如图 6-19、图 6-20 所示。

图 6-17 编辑视图边界

图 6-18 视图拖动与对齐

图 6-19 视图标签首选项

图 6-20 截面线首选项

通过设置"截面线首选项"选项卡中的参数，既可以控制以后添加到图样中的剖切符号显示，也可以修改现有的剖切符号。该选项卡中各选项的说明如下。

（1）标签　用于设置剖视图的标签号。

（2）样式　可以选择剖切符号箭头的样式。

（3）箭头显示　通过在 A、B、C 文本框中输入值，可以控制箭头的大小。

（4）箭头通过部分　通过在 D 文本框中输入值，可以控制剖切符号箭头线段和视图线框之间的距离。

（5）短画线长度　用于在 E 文本框中输入值以控制剖切符号箭头线段和视图线框之间的距离。

（6）标准　用于控制剖切符号的标准。

（7）颜色　用于控制剖切符号的颜色。

（8）宽度　用于选择剖切符号宽度。

"视图标签首选项"选项卡控制实现以下功能。

1）控制视图标签的显示，并查看图样上成员视图的比例标签。

2）控制视图比例的文本位置、前缀名、前缘文本比例因子、数值格式和数值比例因子的显示。

3）使用"视图标签首选项"选项卡设置添加到图样的后续视图的首选项，或者使用该对话框编辑现有视图标签的设置。

"视图标签首选项"选项卡"类型"下拉列表中各选项的功能说明如下。

（1）其他 该选项用于设置局部放大图和剖视图之外的其他视图标签的相关参数。

（2）局部放大图 该选项用于设置局部放大图视图标签的相关参数。

（3）剖视图 该选项用于设置剖视图视图标签的相关参数。

6.2 任务1 底座零件工程图设计

【教学目的】1. 掌握基本视图、剖视图、半剖视图、其他剖视图的创建方法及应用。
　　　　　　2. 掌握各种尺寸标注的方法及应用。
【教学重点】综合运用各种视图创建方法创建零件工程图。
【教学难点】掌握底座工程图的创建和标注。

6.2.1 知识链接

完成视图投影后，需要对视图进行尺寸、精度的相关标注，主要包括尺寸及公差的标注、几何公差的标注、表面粗糙度及其他加工符号的标注。

1. 尺寸及公差的标注

尺寸标注包括各种线性、直径等各类尺寸的标注，同时还可以标注尺寸公差，尺寸标注工具如图6-21所示。

2. 几何公差的标注

几何公差包括直线度、平面度、同轴度等。单击"注释"工具栏中的"特征控制框"按钮，打开"特征控制框"对话框，如图6-22所示。

图6-21 尺寸标注工具

图6-22 "特征控制框"对话框

设定好精度类型、精度要求及参考基准后，用鼠标左键选中需要标注的线段，不要松开鼠标进行拖曳，即可出现指引线，松开鼠标，将符号框放置到合适的位置即可。

3．表面粗糙度及其他加工符号的标注

单击"注释"工具栏中的"表面粗糙度"按钮 ，即可打开"表面粗糙度"对话框，如图6-23所示。

选择所需的符号，并输入粗糙度数值后，选择需要标注的表面，即可完成粗糙度的标注。

除了表面粗糙度以外，"注释"工具栏中还包括其他常用工具按钮：焊接符号，基准特征符号，标识符号，中心标记。

4．标注首选项的设定

选择菜单"首选项"→"制图"命令，系统弹出如图6-24所示的"制图首选项"对话框。在标注尺寸之前，需要将各项参数按照制图规范设置好。

图6-23 "表面粗糙度"对话框

图6-24 标注格式的设置

（1）尺寸　用于设置箭头和直线格式、放置类型、公差和精度格式、尺寸文本角度和延伸线部分的尺寸关系等参数。

（2）直线/箭头　用于设置应用于指引线、箭头以及尺寸的延伸线和其他注释的相关参数。

（3）文字　用于设置应用于尺寸、文本和公差等文字的相关参数。

（4）符号　用于设置"标识""用户定义""中心线"和"几何公差"等符号的参数。

（5）单位　用于设置各种尺寸显示的参数。

（6）径向　用于设置坐标集和折线的参数。

（7）坐标　用于设置坐标的相关参数。

（8）填充/剖面线　用于设置剖面线和区域填充的相关参数。

（9）零件明细表　用于设置零件明细表的参数，以便为现有的零件明细表对象设置形式。

（10）单元格　用于所选单元的各种参数设置。

（11）适合方法　用于设置单元的样式。
（12）截面　用于设置表格格式。
（13）表格注释　用于设置表格中的注释参数。
（14）层叠　用于设置注释对齐方式。
（15）标题块　用于设置标题栏对齐位置。
（16）肋骨线　用于设置造船制图中的肋骨线参数。

6.2.2　任务实施

底座工程图如图 6-25 所示，通过该实例的工程图创建，主要掌握各种视图的创建方法以及尺寸标注的方法。通过本节内容主要掌握的命令有：基本视图、局部放大图、剖视图、半剖视图、其他剖视图、局部剖视图的创建和尺寸标注、中心线、注释。

图 6-25　底座工程图

打开配套资源中的文件 UG NX_6\zhizuo.prt，如图 6-26 所示。先仔细观察一下三维模型，确定工程图的创建流程。

1）根据零件尺寸确定图纸页面为 A3。
2）先投影前视图，以此为主视图，然后生成俯视图。
3）对前视图进行全剖，作为左视图。
4）对前视图底板安装孔进行局部剖视。
5）投影正等测图，并进行半剖。
6）标注所需尺寸及公差。
7）添加技术要求、标题栏等。

图 6-25　底座工程图

图 6-26　底座实体模型

1. 创建工程图

1）选择菜单 开始 → 制图(D)... 命令，进入制图环境。

2）新建图纸页。选择主菜单中 插入(S) → 图纸页(H)... 命令，系统弹出"图纸页"对话框，在对话框中选择如图 6-27 所示的选项，然后单击"确定"按钮。

3）图框设置。单击工具栏中的"替换模板"按钮，系统弹出"工程图模板替换"对话框。选择"A3-无视图"模板，单击"确定"按钮，生成标准图框模板，如图 6-28 所示。

图 6-27　新建图纸页

图 6-28　替换模板

2. 视图投影

1）单击"基本视图"按钮，弹出"基本视图"对话框。设定"模型视图"为"前视图"，"比例"选项组中的"比例"选项设置为 1∶1，选择合适的位置放置前视图，如图 6-29 所示。

2）单击"投影视图"按钮，以前视图为父视图，投影俯视图，如图 6-30 所示。

图 6-29　插入前视图

图 6-30　投影俯视图

投影后观察，发现视图在 A3 图框里占的空间比较大，留给标注尺寸的空间不够，需要缩小视图比例。从部件导航器中同时选中这两个视图，单击鼠标右键，在快捷菜单中选择"设置"，如图 6-31 所示。在弹出的"常规"选项卡中，将比例改为 1∶1.5 并确认，视图即被缩小。

图 6-31　修改视图比例

3．补充、细化视图

单击"剖视图"按钮，系统弹出"剖视图"对话框。选择前视图为创建全剖视图的父视图。选取如图 6-32 所示的圆，系统自动捕捉圆心位置，此圆心处即为剖切位置。剖切位置确定后，随着鼠标的移动，会出现动态的剖切方向，在前视图右侧合适的位置单击鼠标左键，即出现全剖视图，如图 6-33 所示。视图上方和父视图中会自动出现相应的剖切符号和编号，以此剖视图作为左视图。

图 6-32　选择剖切点

图 6-33　全剖左视图

【扩展知识】 创建阶梯剖视图

1）生成全剖视图，如图 6-34a 所示。

2）选择截面线。单击鼠标右键，在快捷菜单中选择"编辑"，如图 6-34b 所示。

3）在控制点位置单击鼠标右键，在快捷菜单中选择"截面线段" ，即可增加剖切点，如图 6-35a 所示。增加两个剖切点，并通过鼠标拖曳剖切点到如图 6-35b 所示位置。

4）拖曳剖切点过程中，全剖视图会同步更新，位置确定后关闭对话框，即得到阶梯剖视图，如图 6-36 所示。

（1）创建正等测视图　单击"图纸"工具栏中的"基本视图"按钮 ，在"基本视图"对话框"模型视图"选项组的"要使用的模型视图"下拉列表中选择"正等测视图"选项。在"缩放"选项组的"比例"下拉列表中选择"1∶2"选项。选择合适的放置位置并单击，单击鼠标中键完成视图的创建。结果如图 6-37 所示。

图 6-34 全剖视图
a) 创建全剖视图 b) 编辑剖面线

图 6-35 控制点
a) 增加控制点 b) 移动控制点

图 6-36 阶梯剖结果　　　　　　图 6-37 正等测视图

（2）创建半剖视图　单击"剖视图"按钮，在"方法"下拉列表中选择"半剖"，选择俯视图为父视图，根据系统提示选择如图 6-38 所示边线中点和圆心；将"铰链线"选项组中的"矢量选项"设为"已定义"，指定为 XC 方向，如图 6-39 所示。将"视图原点"选项组中的"方向"设为"剖切现有的"，同时选择已有的正等测视图，如图 6-40 所示。可以打开预览，如图 6-41 所示，确认后即可得到半剖视图，如图 6-42 所示。

图 6-38　确认半剖位置

图 6-39　确定铰链线

图 6-40　剖切现有视图

图 6-41　预览

图 6-42　半剖结果

（3）生成局部剖视图

1）将鼠标移到要进行局部剖的区域，单击鼠标右键，在快捷菜单中选择"活动草图视图"命令，激活草图，如图 6-43 所示。

2）在草图环境下，在准备进行局部剖切的位置绘制边界线，选择退出草图，如图 6-44 所示。

3）单击"局部剖视图"按钮 ，打开"局部剖"对话框，如图 6-45 所示。先选择需要进行局部剖的前视图；然后选择剖切点，注意是俯视图中的圆心，如图 6-46 所示。确认剖切方向，如图 6-47 所示。

项目 6　工程图设计

图 6-43　激活草图　　　　图 6-44　绘制边界线　　　　图 6-45　"局部剖"对话框

图 6-46　选择剖切点　　　　　　　　　图 6-47　确认剖切方向

选择之前绘制的局部剖切边界线，然后单击"应用"按钮，即完成局部剖切，如图 6-48 所示。最后再将视图中的虚线设为不可见，如图 6-49 所示。

图 6-48　选择边界线　　　　　　　　　图 6-49　剖切结果

4. 尺寸标注

1）单击"尺寸"工具栏中的"线性尺寸"按钮，选取如图 6-50 中所示左右最外两侧两条边界，在视图中鼠标单击合适的位置放置水平尺寸；选取如图 6-51 中所示上下最外两侧两条边界，在视图中鼠标单击合适的位置放置竖直尺寸。

图 6-50　标注水平尺寸　　　　　　　　图 6-51　标注垂直尺寸

2）标注直径和半径尺寸。单击"尺寸"工具栏中的"径向尺寸"按钮标注直径、半径尺寸，如图6-52所示。

3）标注孔径尺寸。单击"尺寸"工具栏中的"线性尺寸"按钮，将"测量""方法"选项设为"圆柱坐标系"，标注孔径尺寸，如图6-53所示。

图6-52　标注直径、半径　　　　　　　　图6-53　标注孔径尺寸

4）参照以上方法标注其他尺寸，尺寸标注完成后效果如图6-54所示。

图6-54　标注结果

【扩展知识】标注公差

1）有的尺寸需要标注公差，可以先标注所有的尺寸，然后双击需要添加公差的尺寸，弹出"编辑尺寸"对话框。单击"值"旁边的下拉箭头，就会出现各种公差形式，从中选择所需要的

样式。然后再单击添加的公差，弹出"公差数值"文本框，分别输入上限、下限的数值，还有小数位数，即可完成公差的添加，如图 6-55 所示。

图 6-55　标注公差

 注意：在进行尺寸标注之前，应先设定好首选项中注释的各项参数，这样标注出来的尺寸会比较美观，符合相关的格式规范。

2）表面粗糙度标注。单击"表面粗糙度"按钮，在弹出的"表面粗糙度"对话框中输入各项参数，选择标注的位置，即可完成表面粗糙度的标注，如图 6-56 所示。

3）标注几何公差。标注几何公差一般需要两步，先标注基准，然后标注几何公差。标注基准可以使用"基准特征符号"命令，如图 6-57 所示。然后使用"特征控制框"命令，设定好各项参数，即可标注几何公差，如图 6-58 所示。

图 6-56　标注粗糙度符号　　　　　　　　图 6-57　标注基准

 注意：在标注基准和几何公差时，需要在标注点按住鼠标拖曳，才会出现指引线。

【扩展知识】标注中心线

在进行视图投影时，系统会自动对一些圆孔、圆柱添加中心线，对一些没有自动标注的，可以使用"中心标记"命令进行手动标注。如果标注圆柱的中心线，可以使用"2D 中心线"命令，分别选择圆柱的起点、终点，即可进行标注，如图 6-59 所示。

5．文本标注

使用"注释"命令，可以输入文本，在图纸合适位置添加技术要求、标题栏等文字注释，如图 6-60 所示。

图 6-58　标注几何公差　　　　　　　　图 6-59　标注圆柱中心线

6．局部放大、断开视图

创建如图 6-61 所示的局部放大视图和断开视图，操作过程如下。

图 6-60　标注文本注释　　　　　　　　图 6-61　局部放大和断开视图

1）打开零件模型。打开配套资源中的文件 UG NX_6\work_02.prt，进入建模环境，零件模型如图 6-62 所示。

说明：如果当前环境是建模环境，需要选择菜单 开始 → 制图(D)... 命令，进入制图环境。

2）选择命令。单击"图纸"工具栏中的按钮，系统弹出图 6-63 所示的"局部放大图"对话框。

3）选择边界类型。在"局部放大图"对话框的"类型"下拉列表中选择"圆形"选项。

4）在需要放大的地方单击鼠标左键，然后拖拽鼠标定义放大范围。

5）指定放大图比例。在"局部放大图"对话框"缩放"选项组的"比例"下拉列表中选择"比率"选项，在下面的文本框中分别输入 3、1。

6）定义父视图上的标签。在对话框 父项上的标签 选项组的下拉列表中选择 标签 选项。

7）放置视图。选择合适的位置单击放置放大图，然后单击"关闭"按钮。

8)单击"断开视图"按钮,打开"断开视图"对话框。分别选择需要断开的视图、断开点,确定后就完成了断开视图,如图 6-64 所示。

图 6-62 轴的实体   图 6-63 "局部放大图"对话框   图 6-64 断开视图

6.2.3 拓展任务(阶梯轴工程图设计)

打开文件 xiti_01.prt,然后创建工程图,并标注尺寸,如图 6-65 所示。

图 6-65 轴的工程图

创建工程图步骤见表 6-2。

表 6-2 创建工程图步骤

步骤	工作内容	主要命令	简图
1	创建基本视图	基本视图→俯视图	
2	创建断面图	剖视图	

（续）

步骤	工作内容	主要命令	简图
3	创建局部放大视图	局部放大图	
4	标注尺寸	快速尺寸、线性尺寸等	

6.2.4 实践任务（支座零件工程图设计）

打开文件 xiti_02.prt，然后创建工程图，并标注尺寸，如图 6-66 所示。

图 6-66 支座工程图

6.3 任务 2 弯曲模具装配工程图设计

【教学目的】1. 掌握装配工程图创建的要点及方法。
　　　　　　2. 掌握各种与装配相关的尺寸标注方法及应用。
【教学重点】综合运用各种视图创建方法创建装配工程图。
【教学难点】掌握装配工程图的创建和标注。

6.3.1 知识链接

文本标注主要用于图样中的各项文字说明，如技术条件、标题栏、零件清单等。在进行文字说明时，使用"注释"命令 A，即可打开"注释"对话框，如图 6-67 所示。在文本输入区输入所需的文字，放置到指定的位置即可。

在输入文本时，还可以插入各种符号，如图 6-68 所示。如果图样中需要加入零件清单，可以单击"表格注释"按钮来创建、编辑表格，如图 6-69 所示。

图 6-67 "注释"对话框

图 6-68 文本插入符号

图 6-69 表格注释

6.3.2 任务实施

装配图的要求不同于零件图，如图 6-70 所示弯曲模具装配图，不需要表达零件细节尺寸，主要表达的内容包括：必要的视图、部件的最大轮廓尺寸、零件标号、配合关系、零件清单等。

图 6-70 弯曲模具装配图

图 6-70 弯曲模具装配图

1. 创建视图

根据对装配体的观察分析（图 6-71），以俯视图为主视图，以前视图为主剖视图。

图 6-71　三维装配实体

从"开始"下拉菜单进入"制图"模块。新建图纸页，使用 A2 图幅、1∶1 比例、第一角法、毫米制。

使用"新建视图"命令，选择俯视图，1∶2 比例，放置到适当的位置，如图 6-72 所示。

使用"剖视图"命令，对俯视图进行阶梯剖，然后以阶梯剖视图为父视图进行投影，创建前视图，如图 6-73 所示。

图 6-72　装配体俯视图　　　　　　图 6-73　创建前视图

按照模具出图习惯，俯视图应该只显示下模部分，不显示上模部分，因此要隐藏俯视图中的上模部分。对装配图中零件显示的控制可以使用"格式"菜单中"视图中可见图层"命令来实现。首先在装配导航器中找到属于上模的零件并选中，单击鼠标右键，在快捷菜单中选择"属性"，如图 6-74 所示。打开"组件属性"对话框，将"图层选项"改为"指定图层"，再将"图层"设为"10"，如图 6-75 所示。这样就将所选中的上模零件移到了第 10 层。

从"格式"菜单中选择"视图中可见图层"选项，打开"视图中可见图层"对话框。从视图列表中选择"TOP@4"，也可以直接用鼠标在屏幕上选择俯视图，弹出"图层开关"对话框，如图 6-76 所示。选择 10 号图层，将其设为"不可见"，然后单击"确定"按钮。这时发现俯视图中上模部分消失，但有些线框显示不完整，如图 6-77 所示。从部件导航器中找到俯视图"TOP@4"并选择（图 6-78），然后选择"更新"命令，视图就会完整显示，如图 6-79 所示。

 注意： 在进行工程图操作时，如果对实体模型进行了编辑，视图或尺寸标注可能不会正确显示，这时可以选中所有视图，然后选择"更新"命令，所有的视图与尺寸标注都会进行同步更新，保持与实体特征一致。在工程图完成并保存时，也应进行一次完全更新操作，以避免图中有错误的表达。

项目 6 　工程图设计

图 6-74 　编辑属性

图 6-75 　设置零件图层

图 6-76 　设置图层不可见

图 6-77 　视图中可见图层

图 6-78 　视图更新显示

图 6-79 　完整视图

图层布局完成后，标注所需的尺寸。这里需要标注模具最大长度、最大宽度、闭合高度、总高度、两处销钉的直径。尺寸标注完成后添加公差和配合关系，先双击闭合高度，设定公差格式及数值，如图 6-80 所示。

双击销钉直径标注"φ8"，打开文本编辑器，将公差方式设为"限制和拟合"，如图 6-81 所示。按图 6-82 所示输入数值，确定后即出现配合符号。按同样的方法对φ12 的销钉标注配合符号。

图 6-80　设置尺寸公差

图 6-81　文本编辑器

图 6-82　标注配合关系

2. 标注件号

单击"符号标注"按钮 进行件号标注。先在文本处输入编号 1，然后用鼠标在需要标注的零件上单击，按住鼠标进行拖曳，即出现指引线。指引线出现后即可松开鼠标，在合适的位置单击鼠标，完成标注，如图 6-83 所示。然后将文本改为"2"，重复上述操作，在拖拽过程中，会自动捕捉进行对齐，如图 6-84 所示。

图 6-83　标注件号

图 6-84　件号标注对齐

按以上步骤依次完成其他零件的标注。

3. 添加零件清单

单击"表格注释"工具按钮 ，打开"表格注释"对话框。输入所需的行数、列数，将表格放置到合适位置，如图 6-85 所示。在需要输入文字的单元格处单击鼠标右键，在快捷菜单中选择"编辑单元格"，即可输入文字，如图 6-86 所示。

在表格左上角"+"符号处单击鼠标右键，即弹出"注释样式"对话框，单击"单元格"选项卡，即可对表格内文字大小、字体、对齐方式等设置进行编辑，如图 6-87 所示。

项目 6　工程图设计

图 6-85　绘制表格

图 6-86　输入文字

在已完成文本输入的单元格处单击鼠标右键，在快捷菜单中选择"编辑文本"，即可对文本进行编辑，如图 6-88 所示。

图 6-87　编辑单元格样式

图 6-88　编辑文本内容

6.3.3　拓展任务（阀的装配工程图设计）

阀的装配图如图 6-89 所示，其设计步骤见表 6-3。

图 6-89　阀的装配图

图 6-89　阀的装配图

图 6-89 阀的装配图（续）

表 6-3 阀装配工程图设计步骤

步骤	工作内容	主要命令	简图
1	创建基本视图	基本视图→俯视图	
2	创建剖视图	剖视图	
3	标注件号	符号标注	
4	创建零件明细表	表格注释	

6.3.4 实践任务（拉伸模具装配工程图设计）

完成图 6-90 所示拉伸模具装配图的工程图设计。

图 6-90 拉伸模具装配图

图 6-90 拉伸模具装配图

项目小结

工程图部分命令很多，尤其是首选项设置及编辑，有很多细节命令，无法一一描述，需要掌握其规律，才能够得心应手地使用。

项目考核

一、填空题

1. 工程图中所包含的视图有基本视图、_____、剖视图和局部放大图。
2. 工程图的标注是为了表达零部件的_____，没有进行标注的工程图只能表达零部件的形状、装配关系等信息。
3. 在工程图的绘制过程中，如果原图样的规格、比例等参数不能满足要求，可以对已有的工程图参数进行_____操作。
4. 在"图纸页"对话框中，系统提供了使用模板、_____和定制尺寸三种类型的图纸插入方法。
5. 对工程图进行标注时，一般包括_____标注、_____标注、_____标注等方面的标注。

二、选择题

1. 当绘制箱体或多孔等内部结构比较复杂的模型工程图时，为了表达其内部结构，需要添加_____视图
   A．剖视图　　　　　　B．基本视图　　　　　C．投影视图　　　　　D．放大视图
2. _____是将视图按照所定义的矩形线框或封闭曲线为界线进行显示的操作。
   A．对齐视图　　　　　B．定义视图边界　　　C．编辑视图　　　　　D．添加视图
3. 在创建_____剖视图时，需要首先绘制出该剖视图的剖切范围曲线。
   A．旋转　　　　　　　B．局部　　　　　　　C．半　　　　　　　　D．展开
4. 对齐视图包括5种对齐方式，其中_____可以将所选视图中的第一个视图的基准点作为基点，对所有视图进行重合对齐。
   A．水平　　　　　　　B．竖直　　　　　　　C．叠加　　　　　　　D．垂直于直线
5. 在"移动/复制"视图的对话框中，_____复选框用于指定是移动视图还是复制视图。
   A．复制视图　　　　　B．移动视图　　　　　C．偏置视图　　　　　D．重复视图

三、判断题（错误的打×，正确的打√）

（　　）1. 可以使用抑制的方式控制装配工程图的零件显示。
（　　）2. 创建的局部剖视图无法删除。
（　　）3. UG NX 工程制图中可以直接使用草图绘制二维图而不用三维模型投影视图。
（　　）4. UG NX 工程图中不可以人为修改尺寸。

四、问答题

1. 简述插入各类视图的操作方法。
2. 标注工程视图的具体操作方法是什么？
3. 零件工程图和装配工程图的区别在哪里？

五、练习题

1. 打开文件 zy_01.prt，然后创建工程图，并标注尺寸，如图 6-91 所示。

图 6-91　组合体工程图

2. 打开文件 zy_02.prt，然后创建工程图，并标注尺寸，如图 6-92 所示。

图 6-92　支座工程图

3. 打开文件 zy_03.prt，然后创建工程图，并标注尺寸，如图 6-93 所示。

图 6-93 法兰轴工程图

图 6-93 法兰轴工程图

4. 打开文件 zy_04.prt，然后创建工程图，并标注尺寸，如图 6-94 所示。

图 6-94 壳体工程图

图 6-94 壳体工程图

项目 7　壳体产品的建模、分模及模具型芯和型腔的数控加工编程

壳体产品的建模、分模及模具型芯和型腔的数控加工编程是 UG NX 12.0 在前文基础命令学习基础上结合企业实际的综合应用部分。

【能力目标】

1. 综合应用草图、建模、细节特征等命令，完成典型产品的设计。
2. 熟练使用建模命令完成产品的分模设计。
3. 掌握数控编程模块，完成型芯、型腔的数控编程。

【知识目标】

1. 产品设计：草图、拉伸、拔模、抽壳、圆柱体、移动对象、布尔运算命令应用。
2. 分模设计：WCS 坐标、注射模向导模块（分模模块）命令应用、模具分型工具、检查区域、曲面补片、定义区域、设计分型面、编辑分型面和曲面补片、定义型腔和型芯。
3. 数控加工编程：加工模块（型腔铣、深度轮廓铣、区域轮廓铣、平面铣）。

【素养目标】

1. 培养学生细致、认真的工作精神。
2. 培养学生在精密加工工艺设计、编程等方面的能力。

7.1　任务 1　肥皂盒产品的建模

按照图 7-1 所示肥皂盒产品 2D 工程图样，完成其 3D 建模设计。

7.1.1　知识链接

肥皂盒的建模主要用到的命令有：草图、拉伸、拔模、抽壳、圆柱体、移动对象、布尔运算命令等，由于在前面实体建模章节里已经有讲解和练习，在此不再做详细介绍。

7.1.2　任务实施

1. 肥皂盒建模步骤与思路

（1）建模步骤

1）新建一个模型文件，进入建模环境。

图 7-1 肥皂盒产品图样

2）创建草图二维轮廓或直接利用"曲线"工具栏中的命令创建二维轮廓。

3）利用"特征"工具栏中的各种命令创建三维实体。

4）保存文件并退出。

（2）建模思路

1）创建主体。

2）编辑外观形状（倒圆角）。

3）抽壳并创建孔。

肥皂盒建模流程如图 7-2 所示。

图 7-2 肥皂盒产品创建流程

2. 任务实施过程

（1）新建文件 在"标准"工具栏中，单击"新建"图标按钮，创建一个文件名为 feizaohe.prt 的模型文件。

（2）主体的创建

1）在 XY 平面，创建如图 7-3 所示草图（100×130，上下两个 R300 的圆弧连接）。然后单击"完成草图"按钮。

2）选择"插入"→"设计特征"→"拉伸"选项或单击图标按钮，弹出"拉伸"对话框。选择截面曲线为上步所画的草图，矢量方向默认或为 Z 轴正向，采用"值"拉伸，"距离"为 28，布尔运算为"无"。单击"应用"按钮，得到如图 7-4 的形状。

3）选择"插入"→"细节特征"→"边倒圆"选项或单击图标按钮，选上表面四个边

（图 7-5）倒 R10 圆角。

4）选择"插入"→"细节特征"→"拔模"选项或单击图标按钮，指定 Z 方向为脱模方向，零件底面为固定面，零件四周为要拔模的面，拔模角度为 5°，得到如图 7-6 所示结果。

图 7-3　草图尺寸

图 7-4　拉伸

图 7-5　倒角

图 7-6　拔模

（3）编辑外观形状

1）在 XZ 平面，创建如图 7-7 所示草图，然后单击"完成草图"按钮。

2）选择"拉伸"命令，选择 1）步的草图形状，往 Y 方向拉伸，"距离"分别是 -70 和 70，布尔运算选择"求差"，选择主体为求差对象，单击"确定"按钮。如图 7-8 所示。

图 7-7　草图弧面形状

图 7-8　布尔运算求差

3）选择"插入"→"细节特征"→"边倒圆"选项，上表面两个边倒 R30 圆（图 7-9），四周倒 R6 圆（图 7-10）。

（4）抽壳、创建孔

1）选择"插入"→"偏置/缩放"→"抽壳"选项或单击图标按钮，选择零件的底面，"厚度"改为 2（图 7-11），单击"确定"按钮。

2）在 XY 平面，创建如图 7-12 所示草图（先画一个圆再采用"阵列曲线"命令），单击"完成草图"按钮。

图 7-9　边倒圆（一）　　　　　　　图 7-10　边倒圆（二）

3）选择"拉伸"命令，选择 2）步的草图形状，往 Z 方向拉伸，"距离"为 50，布尔运算选择"求差"，选择主体为求差对象，如图 7-12 所示，单击"确定"按钮，得到如图 7-13 所示的肥皂盒零件。肥皂盒最终 3D 形状如图 7-14 所示。

图 7-11　抽壳　　　　　　　　　图 7-12　阵列曲线

图 7-13　拉伸求差　　　　　　　图 7-14　肥皂盒最终 3D 形状

7.1.3　拓展任务（MP4 下盖产品建模）

完成如图 7-15 所示的 MP4 下盖产品的建模。通过该实例的建模主要掌握的命令有：拉伸、拔模、倒圆角、抽壳、布尔求和、布尔求差、阵列等命令。

图 7-15　MP4 下盖产品工程图样

图 7-15　MP4 下盖建模

建模步骤见表 7-1。

表 7-1　MP4 下盖产品的建模步骤

步骤	绘制方法	绘制结果图例
1. 绘制 MP4 下盖产品外轮廓并拉伸	1）在 XY 平面，创建 110×90 的矩形，然后单击"完成草图"按钮 2）利用"拉伸"命令，选择截面曲线为上步所画的草图，"矢量方向"默认或为 Z 轴正向，"距离"为 20	
2. MP4 下盖产品的拔模和倒角	1）利用"拔模"命令，对 MP4 下盖产品的四周进行拔模，拔模角度为 5° 2）利用"边倒圆"命令，对 MP4 下盖产品进行倒圆角，倒圆角大小为 R4	
3. MP4 下盖产品的抽壳和定位柱的绘制	1）利用"抽壳"命令，对 MP4 下盖产品进行抽壳，壁厚为 1.5 2）在 MP4 下盖产品外侧底面绘制定位柱的草图，尺寸为 φ4 和 φ7，再利用"拉伸"命令完成定位柱的绘制，拉伸距离为 15	
4. MP4 下盖产品定位柱的拔模	利用"拔模"命令对 MP4 下盖产品的定位柱进行拔模，拔模角度为 1°	

(续)

步骤	绘制方法	绘制结果图例
5. MP4下盖产品定位柱的阵列	利用"阵列"命令对MP4下盖产品的定位柱进行阵列，-X方向为86，-Y方向为66	
6. MP4下盖产品标签槽的绘制	1）在MP4下盖产品的外侧底面绘制标签槽的草图80×60，然后单击"完成草图"按钮 2）利用"拉伸"命令，选择截面曲线为上步所画的草图，"矢量方向"为Z轴负向，距离为0.2，布尔运算选择求差	
7. MP4下盖产品充电口的绘制	1）在YZ平面上绘制MP4下盖产品充电口的草图，然后单击"完成草图"按钮。如图a所示 2）利用"拉伸"命令，选择截面曲线为上步所画的草图，"矢量方向"为X轴正向，选择双向拉伸，距离为90，布尔运算选择求差	a) b)

7.1.4 实践任务

1. 完成如图7-16所示（任务一）插座上壳产品设计。

图7-16 插座上壳

图7-16 任务一 插座上壳产品工程图

2．按图 7-17 所示（任务二）完成遥控器产品设计，未标注尺寸可自行定义。

图 7-17　任务二　遥控器产品工程图

7.2　任务 2　肥皂盒产品的分模

7.2.1　知识链接

UG NX 12.0 有专门用于分模的模块，该模块在"启动"→"所有应用模块"→"注塑模向导"下，其中应用比较多的命令如下。"注塑模向导"工具栏如图 7-18 所示。

图 7-18　"注塑模向导"工具栏

初始化项目：定义需要分模的产品零件。
定义工件：定义模具的型腔、型芯外形尺寸。
分模工具：分模模块的核心部分，包含型腔、型芯面定义，分型面的设计等。

7.2.2 任务实施

1. 进入建模环境

打开配套资源 7.1 中文件名为 feizaohe.prt 的模型文件，进入建模环境。

肥皂盒分模

2. 打开注塑模向导

在工具栏中，单击"启动"图标按钮 ，再选择"所有应用模块"→"注塑模向导"选项。

3. 初始化项目

单击"注塑模向导"工具栏中的"初始化项目"图标按钮 ，弹出"初始化项目"对话框，设置初始化参数，如图 7-19 所示，设置完成后单击"确定"按钮。

4. 定义工件（型芯、型腔外形尺寸）

单击"注塑模向导"工具栏中的"工件"图标按钮 ，弹出"工件"对话框，如图 7-20 所示。单击"绘制截面"按钮，绘制如图 7-21 所示草图，绘制完成后单击"完成草图"按钮，再单击"确定"按钮。

图 7-19 "初始化项目"对话框　　图 7-20 工件命令　　图 7-21 工件外形尺寸

5. 模具分型

1）单击"注塑模向导"工具栏中的"模具分型工具"图标按钮 ，弹出 Mold Parting Tools 工具栏，如图 7-22 所示。单击"检查区域"图标按钮 ，弹出"检查区域"对话框。在"计算"选项卡中单击"选择产品实体"并指定脱模方向为+ZC，单击"计算"按钮，如图 7-23 所示。再打开"检查区域"对话框中的"区域"选项卡，单击"设置区域颜色"，如图 7-24 所示，选择"交叉竖直面"，在"指派到区域"选项组中选择"型芯区域"，单击"应用"按钮，如图 7-25 所示（注：交叉竖直面是指计算机在计算脱模角度的时候，定义角度为 0°的产品面，这些面需要设计者手动定义为型腔或型芯区域）。

图 7-22 Mold Parting Tools 工具栏

图 7-23 "检查区域"对话框　　图 7-24 设置区域颜色　　图 7-25 手动定义区域

2）单击 Mold Parting Tools 工具栏中的"曲面补片"图标按钮，弹出"边修补"对话框。在"类型"中选择"体"，并单击选择工件，单击"确定"按钮，如图 7-26 所示。得到曲面补片如图 7-27 所示。

3）单击 Mold Parting Tools 工具栏中的"定义区域"图标按钮，弹出"定义区域"对话框。在"定义区域"选项组中选择"型腔区域"，在"设置"选项组中选择"创建区域"，并单击"确定"按钮，如图 7-28 所示（注：这一步的作用是抽取产品型腔区域面）。

图 7-26 曲面补片　　　　　图 7-27 补片结果　　　　图 7-28 "定义区域"对话框

4）单击 Mold Parting Tools 工具栏中的"设计分型面"图标按钮，弹出"设计分型面"对话框，如图 7-29 所示。单击"编辑分型线"选项组中的"选择分型线"按钮，选择分型线，如图 7-30 所示，单击"自动创建分型面"按钮，再单击"确定"按钮，如图 7-31 所示。

5）单击 Mold Parting Tools 工具栏中的"定义型芯和型腔"图标按钮，弹出"定义型芯和型腔"对话框，如图 7-32 所示。单击选择"所有区域"，单击"确定"按钮，弹出"查看分型结果"对话框，再单击"确定"按钮，如图 7-33 所示（注：如果有些分型面是通过建模方式创建的，在定义型腔和型芯之前，需要单击 Mold Parting Tools 工具栏中的"编辑分型面"命令，选取所有建模中的分型面）。

图7-29 "设计分型面"对话框　　图7-30 编辑分型线　　图7-31 自动创建分型面

图7-32 "定义型芯和型腔"对话框　　　　　　　　图7-33 型腔形状

6）在装配导航器中右键单击当前装配，在"显示父项"中选择 fzh-fm_top_000，并双击 fzh-fm_top_000，如图7-34所示。得到装配关系如图7-35所示。这时，分模步骤完成，界面显示型芯、型腔、产品。将型腔和型芯分别导出，以 x-t 格式保存，得到如图7-36所示型腔和如图7-37所示的型芯。

图7-34 装配导航　　　　　　　　　　图7-35 分模结果显示

 注意：在注塑模向导里分模得出的结果是一个装配关系的图档，虽然界面只显示三个零件，但实际上图档里有很多零部件，都在隐藏图层里。如果需要修改其中某一个部件，需双击相应零件，使其在工作状态才可以编辑。

图 7-36 型腔

图 7-37 型芯

7.2.3 拓展任务（MP4 下盖产品分模）

利用"注塑模向导"工具栏里的模具分型工具对 MP4 下盖产品进行分模（图档为随书配套资源"源文件"文件夹下"项目 7 分模任务"中的文件 7.2.3-01.prt）。通过该实例的练习，主要掌握产品的分型思路和方法。模具分型步骤见表 7-2。

MP4 下盖分模

表 7-2　MP4 下盖产品的模具分型步骤

步骤	模具分型方法	模具分型结果图例
1. 初始化项目	打开文件 7.2.3-01.prt，利用"注塑模向导"工具栏中的"初始化项目"命令，设置初始化参数，完成 MP4 下盖产品的项目初始化	
2. 定义工件	利用"注塑模向导"工具栏中的"工件"命令，设置工件参数，完成 MP4 下盖产品的工件定义	
3. 模具分型-检查区域	利用 Mold Parting Tools 工具栏中的"检查区域"命令，设置区域颜色，完成 MP4 下盖产品的区域检查	

项目 7　壳体产品的建模、分模及模具型芯和型腔的数控加工编程

（续）

步骤	模具分型方法	模具分型结果图例	
4. 模具分型-定义区域	利用 Mold Parting Tools 工具栏中的"定义区域"命令，在"定义区域"选项组中选择"型腔区域"，"设置"选项组中选择"创建区域"和"创建分型线"，单击"确定"按钮		
5. 模具分型-设置分型面	利用 Mold Parting Tools 工具栏中的"设置分型面"命令，设置分型面参数，并单击"确定"按钮		
6. 模具分型-定义型芯和型腔及显示装配关系	利用 Mold Parting Tools 工具栏中的"定义型芯和型腔"命令，单击选择"所有区域"，单击"确定"按钮，如图 a 所示。弹出"查看分型结果"对话框，单击"确定"按钮。在装配导航器中右键单击当前装配，在"显示父项"中选择 MP4_top_000，再双击 MP4_top_000，得到装配关系，如图 b 所示	a)	b)

7.2.4　实践任务

1. 完成如图 7-16 所示（任务一）插座上壳产品的分模设计（任务一产品为随书配套资源"源文件"文件夹下"项目 7 分模任务"中的文件 7.2.4-01.prt）。

2. 完成如图 7-17 所示遥控器产品的分模设计（任务三产品为随书配套资源"源文件"文件夹下"项目 7 分模任务"中的文件 7.2.4-02.prt）。

插座上壳分模

遥控器分模

7.3　任务 3　肥皂盒模具型芯的数控加工编程

完成在 7.2 节中的肥皂盒模具型芯的数控加工编程，编程结果如图 7-38 所示。

7.3.1　知识链接

1. 数控编程相关命令

1）型腔铣削：在模具加工中，一般用型腔铣进行开粗。

2）剩余铣：用于半精加工零件中平坦的轮廓曲面区域。

3）深度轮廓铣：用于半精加工模具的陡峭曲面部分。

4）区域轮廓铣：用于精加工模具曲面部分形状。

2. 数控编程的常用工具栏

数控编程常用的"插入"工具栏如图7-39所示。

图7-38 型芯数控加工编程结果　　　　　图7-39 "插入"工具栏

7.3.2 任务实施

1. 打开模型文件并进入加工环境

打开在7.2中分型出来的型芯图档（型芯图档为随书配套资源"源文件"文件夹下"项目7 数控加工编程任务"中的文件7.3.2-01.prt），选择菜单"启动"→ 命令，系统弹出"加工环境"对话框（图7-40）；在"CAM 会话配置"列表中选择 cam_general 选项，然后选择 mill_contour 选项，单击"确定"按钮，进入加工环境。

肥皂盒型芯加工

2. 创建几何体

（1）创建机床坐标系

1）将工序导航器调整到几何视图，双击 MCS_MILL 节点，系统弹出"MCS 铣削"对话框。在"MCS 铣削"对话框的"机床坐标系"选项组单击"CSYS"按钮，系统弹出"CSYS"对话框。

2）单击"CSYS"对话框"操控器"选项组中的"操控器"按钮，系统弹出"点"对话框。在"点"对话框的 X 文本框中输入值 0，在 Y 文本框中输入值 0，在 Z 文本框中输入值 27.5，单击"确定"按钮，系统返回至"CSYS"对话框。在该对话框中单击"确定"按钮，完成机床坐标系的创建。

图7-40 "加工环境"对话框

（2）创建部件几何体

1）在工序导航器中双击 MCS_MILL 节点下的 WORKPINECE，系统弹出"工件"对话框。

2）选取部件几何体。在"工件"对话框中单击 WORKPIECE 按钮，系统弹出"部件几何体"对话框。

3）在图形区选择整个零件为部件几何体。在"部件几何体"对话框中单击"确定"按钮，完成部件几何体的创建，同时系统返回到"工件"对话框。

（3）创建毛坯几何体

在"标准"工具栏中，单击"启动"图标按钮，再选择"所有应用模块"→"注塑模向导"选项。

单击"注塑模向导"工具栏中的，如图7-41所示，设置间隙为0。

图7-41 创建毛坯几何体

3．创建刀具

1）创建端铣刀具。将工具导航器调整到机床视图。选择"插入"下拉菜单中的"创建刀具"命令，系统弹出"创建刀具"对话框。如图7-42所示。创建直径D10的端铣刀，刀具参数按图7-43所示设置。以同样的方法，创建D6（图7-44）及D4（图7-45）的端铣铣刀。

图7-42 "创建刀具"对话框

图7-43 设置D10的端铣刀参数

图7-44 设置D6的端铣刀参数

图7-45 设置D4的端铣刀参数

2）创建球刀。在"创建刀具"对话框中，"刀具子类型"选择"球刀"图标按钮（图7-46），创建 D4R2 的球刀（图 7-47）。

图 7-46　创建球刀

图 7-47　设置 D4R2 的球刀参数

4．创建型腔铣工序

（1）创建工序　将工序导航器调整到程序顺序视图。

选择"插入"下拉菜单中的"创建工序"命令，在"创建工序"对话框"类型"的下拉列表中选择 mill_contour 选项，在"工序子类型"选项组中单击"型腔铣"按钮，在"程序"下拉列表中选择 PROGRAM 选项，在"刀具"下拉列表中选择前面设置的"刀具 D10"选项，在"几何体"下拉列表中选择 WORKPIECE 选项，在"方法"下拉列表中选择 MILL ROUGH（开粗）选项，使用系统默认的名称，单击"确定"按钮，系统弹出"型腔铣"对话框。

（2）设置一般参数　在"型腔铣"对话框的"切削模式"下拉列表中选择"跟随部件"选项，在"步距"下拉列表中选择"刀具平直百分比"选项，在"平面直径百分比"文本框中输入值 75；在"公共每刀切削深度"下拉列表中选择"恒定"选项，在"最大距离"文本框中输入值 0.5（图 7-48）。

（3）设置切削参数　在"刀轨设置"选项组中单击"切削参数"按钮，弹出"切削参数"对话框。单击"策略"选项卡，"切削顺序"改为"深度优先"，其他参数采用系统默认设置（图 7-49），单击"确定"按钮，系统返回到"型腔铣"对话框。

（4）设置非切削移动参数　非切削移动参数可采用系统默认设置。

（5）设置进给率和速度　在"型腔铣"对话框中单击"进给率和速度"按钮，弹出"进给率和速度"对话框。在"主轴速度"选项组中选中"主轴速度"复选框，在其后的文本框中输入值 2000，按〈Enter〉键，然后单击按钮，在"进给率"选项组中的"切削"文本框中输入值 1000，再按〈Enter〉键，然后单击按钮，其他参数采用系统默认设置（图 7-50），单击"确定"按钮，完成进给率和速度的设置，系统返回到"型腔铣"对话框。

（6）生成刀路轨迹并仿真　在"型腔铣"对话框左下角处，单击"生成"按钮，单击"确定"按钮，生成的刀路轨迹如图 7-51 所示，2D 动态仿真加工后的模型如图 7-52 所示。

图 7-48　型腔铣参数设置

项目 7　壳体产品的建模、分模及模具型芯和型腔的数控加工编程

图 7-49　切削参数设置

图 7-50　进给率和速度设置

图 7-51　刀路轨迹

图 7-52　2D 仿真加工后的模型

5．创建剩余铣工序

 注意： 本步骤是在一次开粗后进行的二次开粗。创建工序时应选用直径较小的端铣刀，并设置相对比较小的切削量，以保证更多区域能被加工到。

1）选择"插入"下拉菜单中的"创建工序"命令，在"创建工序"对话框"类型"下拉列表中选择 mill_contour 选项，在"工序子类型"选项组中单击"剩余铣"按钮，在"程序"下拉列表中选择 PROGRAM 选项，在"刀具"下拉列表中选择前面设置的"刀具 D6"选项，在"几何体"下拉列表中选择 WORKPIECE 选项，在"方法"下拉列表中选择 MILL_ROUGH（开粗）选项，使用系统默认的名称。单击"创建工序"对话框中的"确定"按钮，系统弹出"剩余铣"对话框。

2）设置一般参数。在"剩余铣"对话框的"切削模式"下拉列表中选择"跟随部件"选项，在"步距"下拉列表中选择"刀具平直百分比"选项，在"平面直径百分比"文本框中输入值 20；在"公共每刀切削深度"下拉列表中选择"恒定"选项，在"最大距离"文本框中输入值 0.2。

3）设置切削参数。在"刀轨设置"选项组中单击"切削参数"按钮，弹出"切削参数"对话框。单击"策略"选项卡，"切削顺序"改为"深度优先"（图 7-53），在"空间范围"选项卡"毛坯"选项组中的"处理中的工件"下拉列表中选择"使用基于层"（图 7-54），其他参数采用系统默认设置，单击"确定"按钮，系统返回到"剩余铣"对话框。

4）设置非切削移动参数。非切削移动参数可采用系统默认设置。

5）设置进给率和速度。在"剩余铣"对话框中单击"进给率和速度"按钮，弹出"进给率

和速度"对话框。选中"主轴速度"选项组中的"主轴速度"复选框,在其后的文本框中输入值 2000,按〈Enter〉键,然后单击按钮▣,在"进给率"选项组的"切削"文本框中输入值 1000,再按〈Enter〉键,然后单击按钮▣,其他参数采用系统默认设置。

图 7-53 剩余铣切削策略

图 7-54 剩余铣切削空间范围

6)生成刀路。在"剩余铣"对话框左下角处,单击"生成"按钮▶,单击"确定"按钮,完成剩余铣成形程序。

6. 创建深度轮廓铣工序

注意:本步骤可采用精加工方法。进给率和速度需要设置相对比较高的参数(不同的设备和加工材料应设置不一样的参数),并设置相对比较小的切削量,以保证加工的精度及表面粗糙度。

1)选择"插入"下拉菜单中的"创建工序"命令▣,在"创建工序"对话框"类型"的下拉列表中选择 mill_contour 选项,在"工序子类型"选项组中单击"深度轮廓铣"按钮▣,"刀具"选"D6"(铣刀-5 参数),"几何体"选 WORKPIECE 选项,在"方法"下拉列表中选择 MILL-FINISH(精加工)选项,使用系统默认的名称(图 7-55)。单击"确定"按钮,系统弹出"深度轮廓加工"对话框。

2)单击"深度轮廓加工"对话框中的"指定切削区域"(图 7-56),选择成型面(图 7-57),在"深度轮廓加工"对话框里的"刀迹设置"选项组中将"合并距离"设置为 3,"最小切削长度"设置为 1,"最大距离"设置为 0.5。

3)"深度轮廓加工"对话框中的切削层、切削参数、非切削移动均可默认(在实际生产过程中,这些参数需要根据加工零件的形状而定)。

图 7-55 深度轮廓铣

4)设置进给率和速度。在"深度轮廓加工"对话框中单击"进给率和速度"按钮,打开"进给率和速度"对话框。选中"主轴速度"选项组中的"主轴速度"复选框,在其后的文本框中输入值 2000,按〈Enter〉键,然后单击按钮▣,在"进给率"选项组的"切削"文本框中输入值 1000,再按〈Enter〉键,然后单击按钮▣,其他参数采用系统默认设置。

图 7-56　指定切削区域

图 7-57　选定切削区域面

5）生成刀路。在"深度轮廓加工"对话框左下角处，单击"生成"按钮，单击"确定"按钮，完成深度轮廓铣成形程序。

7．创建轮廓铣工序

1）选择"插入"下拉菜单中的"创建工序"命令，在"创建工序"对话框"类型"的下拉列表中选择 mill_contour 选项，在"工序子类型"选项组中单击"轮廓铣"按钮，刀具选 D4R2（铣刀-5 参数），"几何体"选 WORKPIECE 选项，在"方法"下拉列表中选择 MILL-FINISH（精加工）选项，使用系统默认的名称（图 7-58）。单击"确定"按钮，系统弹出"轮廓加工"对话框。

2）单击"轮廓加工"对话框中的"指定切削区域"按钮，选择成型面（图 7-59）。

3）在"轮廓加工"对话框"方法"下拉列表中选择"区域切削"选项，再单击后面的"编辑"按钮，进入"轮廓铣削驱动方法"对话框，按图 7-60 所示设置参数，再单击"确定"按钮，完成相应设置。

图 7-58　轮廓铣

图 7-59　选择轮廓铣面

图 7-60　"轮廓铣驱动方法"对话框

4）"轮廓加工"对话框里的切削层、切削参数、非切削移动均可默认。

5）进给率和速度按照深度轮廓铣的方法设定。其中，主轴速度给定 2000r/min，切削进给率给定 1000mm/min。

6）生成刀路。在"轮廓铣"对话框左下角处，单击"生成"按钮，单击"确定"按钮，完成轮廓铣成形程序。

8. 创建底壁加工工序

1）选择"插入"下拉菜单中的"创建工序"命令，在"创建工序"对话框"类型"的下拉列表中选择 mill_planar 选项，在"工序子类型"选项组中单击"底壁加工"按钮，刀具选"D6"（铣刀-5 参数），"几何体"选 WORKPIECE 选项，在"方法"下拉列表中选择 MILL-FINISH（精加工）选项，使用系统默认的名称（图 7-61）。单击"确定"按钮，系统弹出"底壁加工"对话框。

2）单击"底壁加工"对话框中的"指定切削底面"按钮，选择成型面平面（图 7-62），刀轨设置按照图 7-63 所示参数设定。

3）切削层、切削参数、非切削移动均可默认。

4）进给率和速度设定为：主轴速度给定 2000r/min，切削进给率给定 1000mm/min。

5）生成刀路。单击"底壁加工"对话框左下角处"生成"按钮，单击"确定"按钮，完成底壁加工成形程序。

图 7-61 "底壁加工"对话框　　图 7-62 选定底壁加工面　　图 7-63 底壁加工刀轨设置

9. 刀轨确认

在工序导航器里，选中所有工序（图 7-64），单击鼠标右键，在快捷菜单中单击"确认"按钮，设置"2D 状态"（图 7-65），最终仿真结果如图 7-66 所示。

图 7-64 刀轨确认　　图 7-65 2D 仿真　　图 7-66 仿真最终结果

10. 保存文件

注意：编程的方法有很多种，对于不同的零件形状需要采用不同的铣削方法。另外，由于刀具的限制，一般零件只采用数控编程的方法是不能完全加工到位的，需要结合电加工工艺才能完成零件的加工。

7.3.3 拓展任务（肥皂盒模具型腔的数控加工编程）

肥皂盒型腔编程步骤见表 7-3。

表 7-3 肥皂盒型腔编程步骤

步骤	编程	加工结果图例
1. 打开型腔文件	打开 7.2 节分模文件结果的型腔图档（型腔图档为随书配套资源"源文件"文件夹下"项目 7 数控加工编程任务"中的文件 7.3-02.prt），利用建模中的"移动对象"命令，将工件旋转 180°	
2. 创建毛坯、设定加工坐标	用"注塑模向导"工具栏中的命令创建毛坯，间隙为 0，设定零件的上表面中心位置为加工坐标	
3. 创建刀具	通过"启动"选项，进入加工环境。通过"创建刀具"命令 ，分别创建 D16R0.8（图 a）铣刀，D6（图 b）端刀以及 D6R3（图 c）的球刀	a) b) c)
4. 创建型腔铣	在"创建工序"对话框中，创建型腔铣工序。选用 D16R0.8 铣刀进行开粗加工（图 a），主轴速度 2000r/min，切削进给率 1000mm/min，得到图 b 所示的图形结果	a) b)
5. 创建剩余铣	在"创建工序"对话框中，创建剩余铣工序。选用 D6R3 球刀进行剩余铣加工（图 a），主轴速度 2000r/min，切削进给率 1000mm/min，得到图 b 所示的图形结果	a) b)
6. 创建轮廓铣工序	在"创建工序"对话框中，创建轮廓铣工序（精加工）。选用 D6R3 球刀进行轮廓铣，指定型腔产品面为切削区域，在驱动方法中，单击"编辑"按钮，按图 a 所示设置参数，主轴速度 2000r/min，切削进给率 1000mm/min，单击"轮廓铣"对话框左下角的"生成"按钮，得到图 b 所示的图形结果	a) b)

7.3.4 实践任务

1. 完成如图 7-67 所示的 2013 年全国模具技能大赛样题模具型腔零件的数控加工编程。（型腔图档为随书配套资源"源文件"文件夹下"项目 7 数控加工编程任务"中的文件 7.3.4-03.prt）。

刀具可采用 D16R03 铣刀，D12、D10、D6 端铣刀，D10R5、D6R3、D4R2 球刀，用以上刀具无法加工到位的地方，可以不加工。

2．完成如图 7-68 所示的 2013 年全国模具技能大赛样题模具型芯零件的数控加工编程。（型芯图档为随书配套资源"源文件"文件夹下"项目 7 数控加工编程任务"中的文件 7.3.4-04.prt）。

图 7-67 2013 年全国模具技能大赛样题模具型腔零件

图 7-68 2013 年全国模具技能大赛样题模具型芯零件

刀具可采用 D16R03 铣刀，D12、D10、D6 端铣刀，D10R5、D6R3、D4R2 球刀，用以上刀具无法加工到位的地方，可以不加工。

项目小结

通过本项目的学习，掌握典型壳类电子产品的造型设计、分模设计以及相应的模具数控加工。综合运用建模环境中的草图、拉伸、拔模、抽壳、边倒圆、布尔运算等命令；注塑模向导模块中的初始化项目、工件、模具分型工具等命令；数控加工模块中的刀具创建、型腔铣、剩余铣、深度轮廓铣、轮廓铣以及平面铣等几种常用的加工工序。

在该项目学习中，以肥皂盒产品作为主线，MP4 底壳产品作为扩展学习任务，产品较为典型，让读者不但对 UG 命令有所了解，还对产品设计、模具设计、数控加工编程有一定的了解。

在此需要说明的一点是，由于产品的形状都不一样，在实际设计过程中，可以用到不同的设计方法，相应地也有可能用到不同的 UG 命令，特别是在模具设计及数控加工编程方面，会随着设计者的经验积累，设计方法越来越多，相应也会越来越简单。本项目涉及的只是一个入门方法，也可以说是其中的一种设计思维方法而已。

项目考核

一、填空题

1．注塑模向导分模的步骤为：初始化项目、定义工件、检查区域、_____、_____、_____、_____、_____和定义型腔、型芯。

2．在模具分型工具里的曲面补片中，可采用面、_____、_____三种方法进行补面。
3．工序导航器四个视图，分别是_____、_____、_____、_____。
4．工序导航器中的_____视图决定了加工刀具路径的输出顺序。
5．刀具路径模拟有_____、_____、_____三种方式。
6．控制基础的加工速度的参数分别是_____、_____。
7．型腔铣操作中的"部件余量"是指_____。

二、选择题

1．型腔铣中设置拐角处的进给减速在（   ）选项中设置。
   A．策略   B．拐角   C．连接   D．空间范围
2．当精加工曲面类型的零件时，选择（   ）操作类型。
   A．平面铣   B．固定轴面曲面轮廓铣   C．型腔铣   D．面铣
3．当粗加工曲面类型的零件时，选择（   ）操作类型。
   A．平面铣   B．固定轴面曲面轮廓铣   C．型腔铣   D．面铣
4．型腔铣中设置预钻孔点在（   ）选项中设置。
   A．进刀   B．退刀   C．起点/钻点   D．避让

三、问答题

1．简述产品建模的步骤。
2．简述分模过程的步骤。
3．举出几种数控加工编程的加工方法。

四、完成下列零件的分模及相应模具的型芯/型腔加工编程

1．完成2015年全国模具行业职业技能大赛产品（图7-69）建模、分模及数控加工编程。
2．按照图7-69所示练习一产品的形状，自行设计出与之配套的底盖产品（要求装配合理），并完成相应产品的分模设计及型芯、型腔零件的数控加工编程。

图7-69　2015年全国模具行业职业技能大赛产品

参 考 文 献

[1] 赵秀文,苏越. UG NX 10.0 实例基础教程[M]. 北京:机械工业出版社,2018.
[2] 姜建军. CAD/CAM 应用[M]. 北京:高等教育出版社,2015.
[3] 展迪优. UG NX 8.0 数控编程教程[M]. 北京:机械工业出版社,2013.
[4] 北京兆迪科技有限公司. UG NX 10.0 数控加工实例精解[M]. 北京:机械工业出版社,2015.
[5] 王正才. 注塑模具 CAD/CAE/CAM 综合实例[M]. 大连:大连理工大学出版社,2014.